全国高职高专教育土建类专业教学指导委员会规划推荐教材

给水排水管道工程施工实训

（给排水工程技术专业适用）

袁　勇　主　编
邓曼适　主　审

中国建筑工业出版社

图书在版编目（CIP）数据

给水排水管道工程施工实训/袁勇主编. —北京：中国建筑
工业出版社，2015.12
全国高职高专教育土建类专业教学指导委员会规划推荐教材
（给排水工程技术专业适用）
ISBN 978-7-112-18953-3

Ⅰ. ①给… Ⅱ. ①袁… Ⅲ. ①给排水系统-管道工程-高等
职业教育-教材 Ⅳ. ①TU991

中国版本图书馆 CIP 数据核字（2016）第 004878 号

本书是"给水排水管道工程技术"课堂教学的后续环节，也是给水排水工程技术专业的
重要实践性环节。本书遵循"以应用为目的，以必需、够用为度"的原则，注重保持实训内
容、环境与施工作业现场的高度一致，强调对学生发现问题、分析问题和解决问题能力的增
养，以达到全面提高学生的职业修养和素质的目的。本书内容包括室内给水管道工程施工实
训、室内排水管道工程施工实训、室外给水管道工程施工实训、室外排水管道工程施工实
训、顶管施工案例。通过实训，学生对给水排水管道工程施工工艺与给水排水工程施工设备
有更深刻的感性认识，对给水排水管道的施工过程控制，各主要施工工艺的施工特点、难点，
施工过程中的各工种的协调配合，施工设备的联合使用等加深理解。

本书适用于给排水工程施工技术专业、市政工程技术专业及相关专业的高职高专院校教
材，也可用于工程技术人员参考书。

* * *

责任编辑：王美玲 朱首明
责任校对：李美娜 党 蕾

全国高职高专教育土建类专业教学指导委员会规划推荐教材
给水排水管道工程施工实训
（给排水工程技术专业适用）
袁 勇 主 编
邓曼适 主 审

*

中国建筑工业出版社出版、发行（北京西郊百万庄）
各地新华书店、建筑书店经销
北京天成排版公司制版
北京君升印刷有限公司印刷

*

开本：787×1092 毫米 1/16 印张：10¾ 字数：265 千字
2016 年 9 月第一版 2016 年 9 月第一次印刷
定价：**22.00** 元
ISBN 978-7-112-18953-3
（28160）

前　　言

　　《给水排水管道工程施工实训》是"给水排水管道工程技术"课堂教学的后续环节，也是给排水工程技术专业的重要实践性环节。通过实训，学生对给水排水管道工程施工工艺与给水排水工程施工设备有更深刻的感性认识，对给水排水管道的施工过程控制，各主要施工工艺的施工特点、难点，施工过程中各工种的协调配合，施工设备的联合使用等加深理解。

　　本课程为给排水工程技术专业一门必修的职业技术课程。为适应现代职业教育的特点，本实训教学遵循"以应用为目的，以必需、够用为度"的原则，注重保持实训内容、环境与施工作业现场的高度一致，强调对学生发现问题、分析问题和解决问题能力的培养，以达到全面提高学生的职业修养和素质的目的。

　　（1）按照理论实践一体化思路，以适应职业教育模式为中心，突出教师的主导作用和学生的主体地位，以最新颁布的施工规范为基础，注重与企业人才要求的接轨，注重学生的素质教育和能力培养。

　　（2）进行了实践课的开发，为实现培养施工现场管理人才的要求，运用校内、校外实训基地，进行了给水、排水管道真实施工工作训练，培养学生自主学习能力和在实训过程中发现问题、分析问题、解决问题的能力。

　　（3）给水排水管道工程施工实训是给排水工程技术专业的主要职业技术课程之一。它包括建筑室内给水施工技术、建筑室内排水施工技术、室外管道开槽施工技术、室外管道不开槽施工技术、室外管道附属构筑物施工技术等几个学习情境。其任务是通过本门课程的教学，使学生了解管道施工机械设备的运用，熟悉管道的结构构造及各细部构造功能，掌握施工技术的要点、难点及施工控制重点，培养学生运用自己所学知识自行拟定施工方案，为将来从事施工技术和管理工作奠定基础。

　　（4）增设了室内、外给水排水管道的施工验收、施工资料整理等相关环节，进一步丰富了学生职业技能的培养。

　　本教材由山东城市建设职业学院袁勇主编，黑龙江建筑职业技术学院市政学院于文波、辽宁城市建设职业技术学院宋梅担任副主编，山东城市建设职业学院刘彬参编。具体编写分工如下：山东城市建设职业学院袁勇编写项目1、项目5；辽宁城市建设职业技术学院宋梅编写项目2；黑龙江建筑职业技术学院市政学院于文波编写项目3；山东城市建设职业学院刘彬编写项目4。广州大学市政技术学院环境工程系邓曼适主审。

目　　录

项目1 室内给水管道工程施工实训

训练1 建筑给水管道工程施工图识读

1.1 实训内容及时间安排

某住宅楼给水工程施工图的识读。每人4学时独立撰写给水工程识读实训报告一份。

1.1.1 某住宅楼给排水工程设计说明

(1) 如图1-1～图1-4所示为某住宅楼给排水工程,图中标注标高以米计,其余均以毫米计,墙厚均按240mm。

(2) 给水管道均采用PP-R管,热熔连接,每一给水立管根部设一个螺纹铜球阀。排水管地下部分采用铸铁管,水泥接口;地上部分采用塑料螺旋消声排水管,螺母、密封圈连接。排水支管安装在楼地面以下0.4m。

(3) 厕所内大便器分别为瓷高水箱冲洗蹲便器和低水箱坐便器;洗菜池为成品不锈钢材,普通冷水龙头;洗脸盆为陶瓷材料;淋浴器由不锈钢管组成;浴盆为陶瓷材料;拖布池为砖砌贴瓷砖,普通冷水龙头。上述器具安装均参照国标图集,常用设备图例见表1-1所示。

(4) 铸铁排水管人工除轻锈后,刷沥青漆二度。

1.1.2 某住宅楼给排水工程平面图、系统图

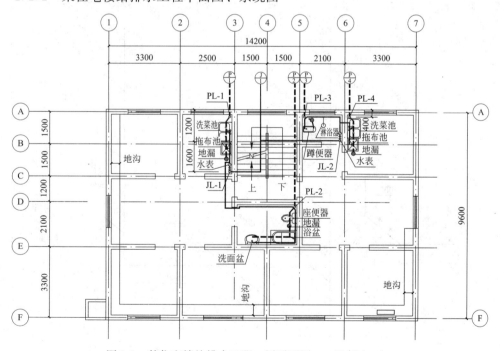

图1-1 某住宅楼给排水工程一层平面图   比例1：100

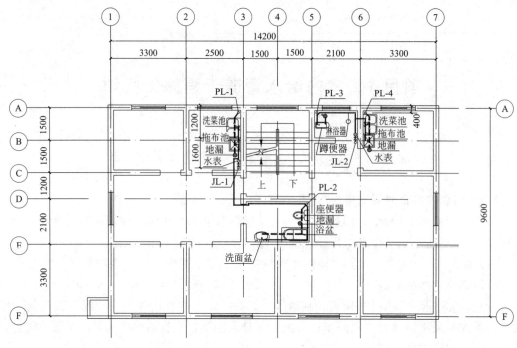

图 1-2　某住宅楼给排水工程二～四层平面图　　比例 1：100

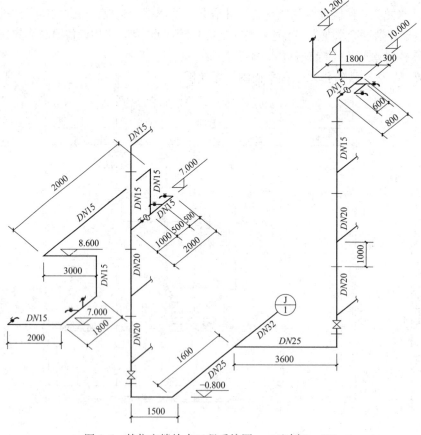

图 1-3　某住宅楼给水工程系统图　　比例 1：100

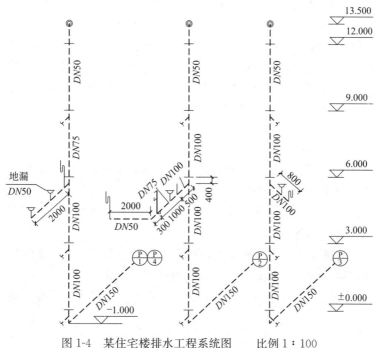

图 1-4　某住宅楼排水工程系统图　　比例 1∶100

1.2　实训目的

通过给水施工图的识读训练，使学生掌握给水施工图的阅读程序和方法，进一步了解给水工程设计内容、常用材料、设备等，为施工管理、确定工程造价等奠定基础。

1.3　实训要求

(1) 掌握给水施工图的一般知识。

(2) 熟悉给水施工图的常用图例符号和文字符号。

(3) 了解给水施工图的阅读程序。

(4) 掌握给水系统图的识读方法。

1.4　实训步骤

建筑给水施工图是建筑给水工程施工的依据和必须遵守的文件。施工图可使施工人员明白设计人员的设计意图，施工图必须由正式的设计单位绘制并签发。施工时，未经设计单位同意，不能随意对施工图中的规定内容进行修改。

1.4.1　建筑给水施工图的主要内容

建筑给水施工图是由平面图、系统图、详图、设计说明和设备及材料表等组成。

1. 平面图

建筑给水平面图是给水施工图的主要部分。采用的比例与建筑图相同，常用 1∶100；管道多时可用 1∶50，大型车间可用 1∶200 或 1∶400。

平面图所表达的内容如下：

(1) 表明建筑物内用水房间的平面分布情况。

(2) 卫生器具、热交换器、贮水罐、水箱、水泵、水加热器等建筑设备的类型、平面布置、定位尺寸。

(3) 给水系统中的引入管、干管、立管、支管的平面位置、走向、管径规格、系统编号、立管编号以及室内外管道的连接方式。

(4) 管道附件（如阀门、水表等）的平面布置、规格、型号、种类以及敷设方式。

给水平面图上要标明建筑物外墙主要的纵向和横向轴线及其编号，注明房间名称，当建筑物内卫生设备比较集中时，可只画出与其相关的部分建筑平面，其余部分可以不画，画出部分要注明建筑轴线。

2. 系统图

系统图就是给水系统的轴测投影图，主要表明管道的立体走向，应完全与平面布置图立管编号、比例相同。系统图中对用水设备及卫生器具的种类、数量和位置完全相同的支管、立管，可不重复完全绘出，但应用文字标明。系统图应对各系统单独绘制。当系统图立管、支管在轴测方向重复交叉影像识图时，可断开移到图面空白处绘制。

给水系统的主要内容如下：

(1) 表明给水管道系统的具体走向，自引入管至卫生器具的空间走向和布置情况。

(2) 管道的规格、标高、坡度，以及系统编号和立管编号。

(3) 管道附件阀门、水表的设置，引入管的设置，包括种类、型号、规格、位置、标高等。

3. 详图

建筑给水管道的平面图和系统图都是用图例表示的，它只能显示管道的布置、走向等情况，对于卫生器具、管道附件、管道支吊架的安装及管道的连接，以及管道局部节点的详细构造、安装要求等在平面图和系统图上表示不清楚，也无法用文字说明，可以将这部分局部放大比例，画成详图，以供施工使用。

详图采用的比例较大，一般为1:20～1:10，图要画得详细，各部尺寸要准确。

一般的卫生器具、管道附件、管道支吊架等安装详图均可参考《全国通用给水排水标准图》，可视具体情况套用。如图1-5所示，为厨房单槽洗涤槽标准图。没有标准图的可自行绘制。

4. 设计说明

设计图纸上用图或符号表达不清楚的问题，需要用文字加以说明。主要内容有：

(1) 采用的管材及接口方式。

(2) 管道的防腐、防冻、防结露的方法。

(3) 卫生器具的类型及安装方法。

(4) 所采用的标准图号及名称。

(5) 施工注意事项。

(6) 施工验收到达的质量要求。

(7) 有关图例等。

5. 设备及材料表

对于重要的工程，为了使施工准备的材料和设备符合图纸要求，除上述设计说明、平面图、系统图和详图之外，还应编制一个设备及材料表，具体包括编号、名称、规格、型号、数量、重量及附注等项目。施工中涉及的设备、管材等均列入表中，以便施工备料，不影响工程进度和质量的零星材料，允许施工单位自行决定的可不列入表中。

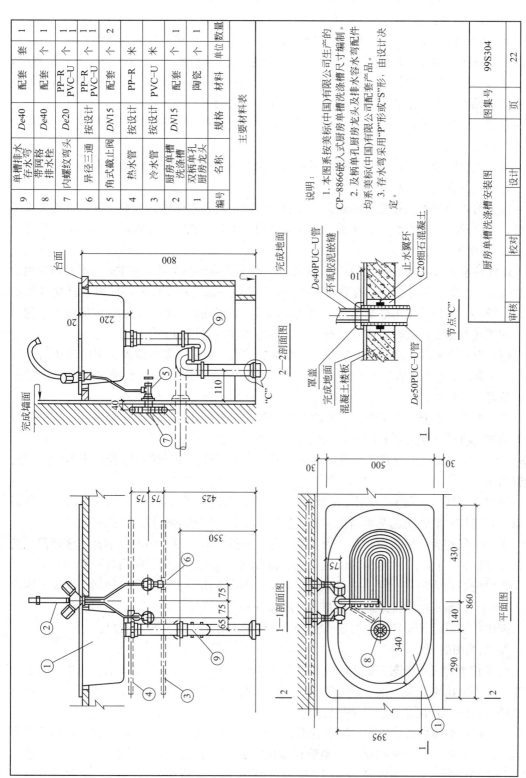

主要材料表

编号	名称	规格	材料	单位	数量
9	单槽排水存水弯	De40	配套	套	1
8	带网格排水栓	De40	配套	个	1
7	内螺纹弯头	De20	PP-R PVC-U	个	1 1
6	异径三通	按设计	PP-R PVC-U	个	1 1
5	角式截止阀	DN15	配套	个	2
4	热水管	按设计	PP-R	米	
3	冷水管	按设计	PVC-U	米	
2	厨房单槽洗涤槽		配套	个	1
1	双柄单孔厨房龙头	DN15	陶瓷	个	1

说明：
1. 本图系按美标（中国）有限公司生产的 CP-8866嵌入式厨房单槽洗涤槽尺寸编制。
2. 及柄单孔厨房龙头及排水咀水弯配件均系美标（中国）有限公司配套产品。
3. 存水弯采用"P"形或"S"形，由设计决定。

厨房单槽洗涤槽安装图		图集号	99S304
设计		页	22
校对			
审核			

图 1-5　厨房单槽洗涤槽安装标准图

所有以上图纸及施工说明等应编排有序，写出图纸目录。

1.4.2　建筑给水施工图的识读方法

阅读给水施工图一般应遵循从整体到局部，从大到小，从粗到细的原则。对于一套图纸而言，看图的顺序应该是先看图纸目录，了解建设工程的性质、设计单位、管道种类，搞清楚这套图纸有多少张，有几类图纸以及图纸编号；其次是看施工图说明、材料表等一系列文字说明；然后把平面图、系统图、详图等交叉阅读。

对于一张图纸而言，首先是看标题栏，了解图纸名称、比例、图号、图别等，最后对照图例和文字说明进行细读。

阅读主要图纸之前，应当先看说明和设备材料表，然后以系统图为线索深入阅读平面图、系统图及详图。

阅读时，应三种图相互对照着看。先看系统图，对各系统做到大致了解。看给水系统图时，可由建筑的给水引入管开始，沿水流方向经干管、立管、支管，再到用水设备。

1. 平面图的识读

室内给水管道平面图是施工图纸中最基本，也是最重要的图纸。它主要表明建筑物内给水管道及卫生器具和用水设备的平面布置。图上的线条都是示意性的，同时管材配件如活接头、补心、管箍等也不必画出来，因此在识读图纸时还必须熟悉给水管道的施工工艺。

在识读管道平面图时，应该掌握的主要内容和注意事项如下。

(1) 查明卫生器具、用水设备和升压设备的类型、数量、安装位置、定位尺寸。

(2) 弄清给水引入管的平面位置、走向、定位尺寸、与室外给水排水管网的连接形式、管径及坡度等。

(3) 查明给水干管、立管、支管的平面位置与走向、管径尺寸及立管编号。从平面图上可清楚地查明是明装还是暗装，以确定施工方法。

(4) 在给水管道上设置水表时，必须查明水表的型号、安装位置以及水表前后阀门的设置情况。

针对本实训，如图1-1～图1-3所示，为一栋四层结构的宿舍楼。从平面图中，我们可以了解建筑物的朝向、基本结构、有关尺寸、掌握各管线的编号、平面位置等。

本图每层均为一梯两户，左户为三室一厅、一卫一厨。卫生间内设浴盆、坐便器、洗脸盆、地漏各一套(个)；厨房内设洗菜池、拖布池、地漏、水表、阀门各一套(个)。

每层的右户为两室一厅、一卫一厨。卫生间内设淋浴器、蹲便器、地漏、水表、阀门各一套(个)。厨房内设洗菜池、拖布池、地漏各一套。

图中给水系统J/1自楼北侧进入室内，在楼梯间分别进入左户、右户。

2. 系统图的识读

给水排水管道系统图主要表明管道系统的立体走向。在给水系统图上，卫生器具不画出来，只需画出水龙头、淋浴器莲蓬头、冲洗水箱等符号；用水设备如水箱等，则画出示意性的立体图，并在旁边注以文字说明。

(1) 针对本例给水系统图，给水管道J/1引入管管径DN32，埋深−0.8m，自北向南进入室内，在楼梯间分成两路，一路管径DN25进入左户厨房，立管编号为JL-1，平面图上是个小圆圈；另一路管径DN25进入右户卫生间，立管编号为JL-2，平面图上是个小圆圈。

（2）JL-1 立管设在③轴和 C 轴的墙角，立管管径 $DN25$ 自－0.8m 至一层水平支管，标高 1.0m，立管上阀门一个。自一层水平支管到三层水平支管的立管管径为 $DN20$，两个层高高度，长度为 6.0m。自三层水平支管至立管顶为 $DN15$ 管，长度为一个层高高度 3.0m。各层水平支管均为 $DN15$ 管；自立管后有阀门水表，水平管到拖布池、洗菜池；水平支管水表后有分支立管，上翻长度 1.6m（距地 2.6m），穿越门厅后进入③-⑤轴间卫生间，下翻到距地 1.0m 高，再连接坐便器、浴盆、洗脸盆。

（3）JL-2 立管设在⑥轴和 B 轴的墙角，立管管径 $DN25$ 自－0.8m 至一层水平支管，标高 1.0m，立管上阀门一个。自一层水平支管到三层水平支管的立管管径为 $DN20$，两个层高高度，长度为 6.0m。自三层水平支管至立管顶为 $DN15$ 管，长度为一个层高高度 3.0m。各层水平支管均为 $DN15$ 管；自立管后有阀门水表，表后分支一穿墙到厨房间连接洗菜池、拖布池；分支二先到淋浴器，然后上翻立管长度 1.2m 到蹲便器高水箱。

3. 详图的识读

室内给水排水工程的详图包括节点图、大样图、标准图，主要是管道节点、水表、卫生器具、套管、管道支架等的安装图及卫生间大样图等。

这些图都是根据实物用正投影法画出来的，图上都有详细尺寸，可供安装时直接使用。本例题较简单，未绘制详图，可参考《全国通用给水排水标准图》。

1.5　记录表格

根据图 1-1～图 1-3 所示，将识读结果填于表 1-1 所示。

室内给水管道识读

表 1-1

指导老师		成绩	
实训任务			
实训目的			
实训报告要求	（1）查明建筑物情况； （2）查明卫生器具的类型、数量、安装位置等； （3）弄清给水系统形式、管路组成、平面位置、标高、材料、走向、敷设方式等； （4）查明管道、阀门、附件的管径、规格、型号、数量及安装要求； （5）水表型号、规格、安装位置及水表阀门设置情况等		
建筑物情况			
卫生器具设置情况			
给水系统			
总结			

1.6　实训考核

考评等级分为优、良、中、及格、不及格，由指导教师给出的成绩汇总确定。

训练2　以小组（4～6人）为单位，聚丙烯管（PPR）给水管道安装

2.1　实训内容及时间安排

参考图1-1～图1-3，4～6人为一组进行厨房给水横管（JL-1立管至洗涤盆水龙头）聚丙烯管（PPR）给水管道连接训练。时间8学时。

2.2　实训目的

通过实训，使学生熟悉聚丙烯管（PPR）连接的常用工具及其使用方法，能达到独立操作、产品质量合格的水平。

2.3　实训准备工作

1. 材料准备

（1）聚丙烯管（PPR）S5、$dn20\times1.9$；DN15水表一只；DN15铜球阀一个；$dn20$三通、直接、90°弯头若干。管材管件应有质量检验部门的产品合格证，并应具备有关卫生建材等部门的认证文件。

（2）管材和管件上应标明规格、公称压力和生产厂名或商标，包装上应有批号、数量、生产日期和检验代号。

（3）管材和管件的内外壁应光滑平整，无气泡、裂口、裂纹、脱皮和明显的痕纹、凹陷，且色泽应基本一致。

2. 主要机具

（1）机具：管手剪、细齿锯或专用管子切割机，如图1-6所示。

（2）工具：热熔机（对于管道外径小于63mm的管材，采用手持式加热器进行连接；对于外径大于63mm的管材，则采用台式熔焊机进行曲连接）应为配套产品，并附有合格证和使用说明书、木工锉或专用削刀，如图1-7所示。

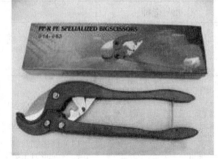

图1-6　PPR管手剪

图1-7　PPR管热熔机及配件

（3）量具：钢尺、卷尺、水平尺、线坠。

2.4　实训步骤

热熔连接有对接热熔连接、承插式热熔连接和电熔连接。对于给水系统的管道，应采用后两种方式进行连接。推荐采用热熔承插的方式连接。

PPR管安装工艺流程：

安装准备→预制加工→干管安装→立管安装→支管安装→卡件固定→封口堵洞→系统试压→系统消毒→系统冲洗

针对本实训项目，将预制好的支管从立管甩口依次逐段进行安装，有阀门的应将阀门手柄卸下再行安装。根据管道长度适当加好临时固定卡，核定不同卫生器具的给水预留口高度、位置是否正确，找平找正后栽支管卡件，去掉临时固定卡，上好临时封堵。支管上装水表的部位，先装上连接管，试压后在交工前拆下连接管，安装水表。

2.4.1　放线

（1）先安立管预留管口，在水平支管安装的墙面上画出（或弹出）支管安装的位置横线。

（2）在横线上按图纸要求标记出各分支线或给水配件的位置中心线。

2.4.2　施工草图绘制

（1）按施工图纸画出管道分支、预留管口、阀门附件等的施工草图。

（2）按已标记位置分段量出实际安装的准确尺寸，标注在施工草图上。

（3）按施工草图、热熔深度等计算出预制加工尺寸。

最后，按草图测得的尺寸预制加工（断管、热熔粘管件、校对，按管段分组编号）。

2.4.3　检查、切割、清理管材

（1）按已确定尺寸，切割管材。必须使端面垂直于管轴线。管材切割一般使用管子剪或管道切割机，必要时可使用锋利的钢锯，但切割后管材断面应去除毛边和毛刺。

（2）用卡尺和合适的笔在管端测量并标绘出热熔深度。热熔深度应符合表1-2所列。

热熔连接技术要求　　　　　　　　　　　　　表 1-2

公称外径(mm)	热熔深度(mm)	加热时间(s)	加工时间(s)	冷却时间(min)
20	14	5	4	3
25	16	7	4	3
32	20	8	4	4
40	21	12	6	4
50	22.5	18	7	5
63	24	24	6	6
75	26	30	10	8
90	32	40	10	8
110	38.5	50	15	10

注：若环境温度小于5℃，加热时间应延长50%。

（3）管材与管件连接面应用洁净棉布擦拭干净，保证清洁、干燥、无油污。

（4）熔接弯头或三通时，按设计图纸要求，应注意其方向，在管件和管材的直线方向上，用辅助标志标出其位置。

2.4.4 加热及插接

（1）热熔工具接通电源，到达工作温度指示灯亮后方能开始操作。机内装有恒温器，温度控制在240～260℃。

（2）加热时，无旋转地把管端导入相应规格的加热套内，插入到所标深度，同时无旋转地把管件推到加热头上，达到规定标志处。加热时间须满足表1-3规定（也可按热熔工具生产厂家的规定）。

（3）达到加热时间后，立即把管材与管件从加热套与加热头上同时取下，迅速无旋转地直线均匀插入到所标深度，使接头处形成均匀凸缘，不可太深也不可太浅。

（4）如表1-3所列，在规定的时间内，刚熔接好的接头还可校正，但严禁旋转。如图1-8所示，为现场操作示意图。

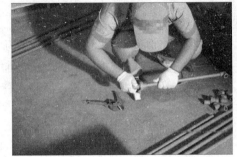

图1-8 PPR管热熔连接现场示意图

2.4.5 保压及冷却

冷却过程中，不得移动管材或管件，完全冷却后才可以进行下一个接头的连接操作。

2.4.6 清洗、消毒

（1）给水管道系统在验收前，应进行通水清洗。冲洗水流速宜大于2m/s，冲洗时，应不留死角，每个配水点龙头均应打开，系统最低点应设放水口，清洗时间控制在冲洗口处排水的水质与进水相当为止。

（2）生活饮用水系统净冲洗后还可使用含20～30mg/L的游离氯的水灌满管道，进行消毒。含氯水在管道中应至少滞留24小时以上。

（3）管道消毒后，再用饮用水冲洗，并经卫生监督管理部门取样检验，水质符合现行的国家标准《生活饮用水卫生标准》后，方可交付使用。

2.5 注意事项

（1）同种材质的给水聚丙烯管与管配件之间，应采用热熔连接，安装应使用专用热熔工具。暗敷墙体、地坪面层内的管道必须采用热熔连接，不得采用丝扣或法兰连接。

（2）给水聚丙烯管与金属管件连接，应采用带金属嵌件的聚丙烯管件作为过渡，该管件与塑料管采用热熔连接，与金属管件或卫生洁具五金配件采用丝扣连接。另外，连接阀门、水龙头与金属配件连接时，弯头、三通处须带有固定支座，牢固地固定在墙上。

（3）热熔连接时，弯曲半径不得小于管子直径的8倍，严禁用明火加热弯曲。

（4）采用金属管卡或吊架时，金属管卡与管道之间应采用塑料带或橡胶等软物隔垫。在金属管配件与给水聚丙烯管道连接部位，管卡应设在金属管配件一端。

（5）支吊架管卡的最小尺寸应按管径确定。当公称外径小于等于$De63$时，最小管卡宽度为16mm；公称外径为$De75$和$De90$时，最小管卡宽度为20mm。支吊架管卡间距应符合表1-3的要求。

立管和横管支吊架间距最大间距　　　　　　　　　　　　　表 1-3

公称外径 De(mm)	20	25	32	40	50	63	75	90
横管(mm)	650	800	900	1100	1250	1400	1500	1600
立管(mm)	1000	1200	1500	1700	1800	2000	2000	2100

2.6　质量验收标准

1. 主控项目

(1) 室内给水管道的水压试验必须符合设计要求。当设计未注明时，各种材质的给水管道系统试验压力均为工作压力的 1.5 倍，且数值不得小于 0.6MPa。

检验方法：金属及复合管给水管道系统在试验压力下观测 10min，压力降不应大于 0.02MPa，然后降到工作压力进行检查，应不渗不漏；塑料管给水系统应在试验压力下稳压 1h，压力降不得超过 0.05MPa，然后在工作压力的 1.15 倍状态下稳压 2h，压力降不得超过 0.03MPa，同时检查各连接处不得渗漏。

(2) 给水系统交付使用前必须进行通水试验并做好记录。

检验方法：观察和开启阀门、水嘴等放水。

(3) 生活给水系统管道在交付使用前必须冲洗和消毒。并经有关部门取样检验。符合国家《生活饮用水标准》方可使用。

检验方法：检查有关部门提供的检测报告。

(4) 室内直埋给水管道(塑料管道和复合管道除外)应做防腐处理。埋地管道防腐层材质和结构应符合设计要求。

检验方法：观察或局部解剖检查。

2. 一般项目

(1) 给水引入管与排水排出管的水平净距不得小于 1m。室内给水与排水管道平行敷设时，两管间的最小水平净距不得小于 0.5m；交叉铺设时，垂直净距不得小于 0.15m。给水管应铺在排水管上面，若给水管必须铺在排水管的下面时，给水管应加套管，其长度不得小于排水管管径的 3 倍。

(2) 管道及管件焊接的焊缝表面质量应符合下列要求：

1) 焊缝外形尺寸应符合图纸和工艺文件的规定，焊缝高度不得低于母材表面，焊缝与母材应圆滑过渡。

2) 焊缝及热影响区表面应无裂纹、未熔合、未焊透、夹渣、弧坑和气孔等缺陷。

检验方法：观察检查。

(3) 给水水平管道应有 2‰～5‰的坡度坡向泄水装置。

检验方法：水平尺和尺量检查。

(4) 给水管道和阀门安装的允许偏差应符合表 1-4 的规定。

(5) 管道的支、吊架安装应平整牢固，其间距应符合规范的相关规定。

检验方法：观察、尺量及手扳检查。

(6) 水表应安装在便于检修、不受曝晒、污染和冻结的地方。安装螺翼式水表，表前与阀门应有不小于 8 倍水表接口直径的直线管段。表外壳距墙表面净距为 10～30mm；水表进水口中心标高按设计要求，允许偏差为±10mm。

检验方法：观察和尺量检查。

管道和阀门安装的允许偏差和检验方法　　　　　　　　　　　　表 1-4

项次	项目			允许偏差(mm)	检验方法
1	水平管道纵横方向弯曲	钢管	每米	1	用水平尺、直尺拉线和尺量检查
			全长 25m 以上	≤25	
		塑料管复合管	每米	1.5	
			全长 25m 以上	≤25	
		铸铁管	每米	2	
			全长 25m 以上	≤25	
2	立管垂直度	钢管	每米	2	吊线和尺量检查
			5m 以上	≤8	
		塑料管复合管	每米	2	
			5m 以上	≤8	
		铸铁管	每米	2	
			5m 以上	≤10	
3	成排管段和成排阀门	在同一平面上间距		3	尺量检查

2.7　记录表格

参见本教材附录 1，附表 1-25 相关内容。

2.8　实训考核

现场操作，根据各人参与程度、操作技术水平和小组最终产品质量确定成绩。考核采用综合考评方式，即学生自评，教师评价，见表 1-5、表 1-6 中所列。

学生实训自我评价表(学生用表)　　　　　　　　　　　　　　表 1-5

项目名称＿＿＿＿＿＿＿　　　学生姓名＿＿＿＿＿＿＿＿　　　组别＿＿＿＿＿＿＿

评价项目	评价标准			
	优 8～10	良 6～8	中 4～6	差 2～4
1. 学习态度是否主动，是否能及时完成教师布置的各项任务				
2. 是否完整地记录探究活动的过程，收集的有关学习信息和资料是否完善				
3. 能否根据学习资料对项目进行合理分析，对所制定的方案进行可行性分析				
4. 是否能够完全领会教师的授课内容，并迅速掌握技能				
5. 是否积极参与各种讨论与演讲，并能清晰地表达自己的观点				
6. 能否按照实训方案独立或合作完成实训项目				
7. 对实训过程中出现的问题能否主动思考，并使用现有知识进行解决，知道自身知识的不足之处				
8. 通过项目训练是否达到所要求的能力目标				
9. 是否确立了安全、环保意识与团队合作精神				
10. 工作过程中是否能保持整洁、有序、规范的工作环境				
总　　评				
改进方法				

实训操作评分表(教师用表)　　　　　　　　　表 1-6

项目名称_____　　组别_____　　　　得分_____

项目	评价内容	要求	分值	扣分
实训前(20分)	记录表格	设计合理	5	
	着装	符合要求	5	
	进实训场地	准时	5	
	领用工具、材料	有序	5	
实训中(50分)	实训工作面	整洁有序	5	
	下脚料、垃圾等	按规定处理	5	
	实训操作	态度认真	10	
		操作规范	10	
	原始记录	规范、及时	5	
		真实、无涂改	5	
	问题处理	及时解决	5	
		方法合理	5	
实训后(30分)	领用设备及工具	及时归还	5	
	实训后工作面	清理	5	
	实训报告	完整、及时、规范	20	

训练 3　以小组(4～6人)为单位，消防管道的卡箍连接(沟槽连接)

3.1　实训内容及时间安排

室内消防管道的卡箍连接(沟槽连接)，在条件许可的情况下进行水压试验。以小组(4～6人)为单位，实训时间 4 学时。

3.2　实训目的

为了强化理论与实践的的结合，使学生更熟练掌握消防管道卡箍连接的相关知识，同时提高自身的动手操作能力。

3.3　实训准备工作

1. 材料的准备

管径大于等于100mm 的镀锌钢管、配套的卡箍及管件(图 1-9)、橡胶密封圈、锁紧螺栓、润滑剂、试压阀门等。

2. 工具的准备

切管机(图 1-10)、滚槽机(图 1-11)、链条开孔机(图 1-12)、手动试压泵、砂轮机、压力表、钢卷尺、扳手、游标卡尺、水平仪、木榔头、脚手架等 。

3. 检查开孔机、滚槽机、切管机，确保安全使用

4. 按设计要求装好待装管子的支吊架

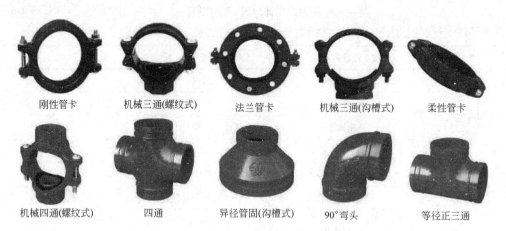

刚性管卡　　机械三通(螺纹式)　　法兰管卡　　机械三通(沟槽式)　　柔性管卡

机械四通(螺纹式)　　四通　　异径管固(沟槽式)　　90°弯头　　等径正三通

图1-9　管道卡箍连接配套的卡箍及管件

图1-10　切管机

图1-11　滚槽机

3.4　实训步骤

3.4.1　钢管滚槽

（1）用切管机将镀锌钢管按需要的长度切割，用水平仪检查切口断面，确保切口断面与钢管中轴线垂直。切口如果有毛刺，应用砂轮机打磨光滑。

（2）将需要加工沟槽的钢管架设在滚槽机和滚槽机尾架上，用水平仪找平，使钢管处于水平位置。

（3）将钢管加工端断面紧贴滚槽机，使钢管中轴线与滚轮面垂直。

图1-12　链条开孔机

（4）缓缓压下千斤顶，使上压轮贴紧钢管，开动滚槽机，使滚轮转动一周，此时注意观察钢管断面是否仍与滚槽机贴紧，如果未贴紧，应调整管子至水平。如果已贴紧，徐徐压下千斤顶，使上压轮均匀滚压钢管至预定沟槽深度为止。

（5）停机，用游标卡尺检查沟槽深度和宽度，确认符合标准要求后，将千斤顶卸荷，取出钢管。

3.4.2　开孔，安装机械三通、四通

（1）在钢管上弹墨线，确定接头支管开孔位置。

（2）将链条开孔机固定于钢管预定开孔位置处。

（3）启动电动机，转动手轮，使钻头缓慢靠近钢管，同时在开孔钻头处添加润滑剂，以保护钻头，完成在钢管上开孔。

（4）停机，摇动手轮，打开链条，取下开孔机，清理钻落的金属块和开孔部位的残渣，并用砂轮机将孔洞打磨光滑。

（5）将卡箍套在钢管上，注意机械三通应与孔洞同心，橡胶密封圈与孔洞间隙均匀，紧固螺栓到位。

（6）如为机械四通，开孔时一定要注意保证钢管两侧的孔同心，否则当安装完毕，可能导致橡胶圈破裂，且影响过水面积。

3.4.3　管道安装

按照先装大口径、总管、立管，后装小口径支管的原则，在安装过程中，必须按顺序连续安装，不可跳装、分段装，以免出现段与段之间连接困难和影响管路整体性能的情况。

（1）将钢管固定在支吊架上，并将无损伤橡胶密封圈套在一根钢管端部。

（2）将另一根端部周边已涂抹润滑剂的钢管插入橡胶密封圈，转动橡胶密封圈，使其位于接口中间的部位。

（3）在橡胶密封圈外侧安装上下卡箍，并将卡箍凸边送进沟槽内，用力压紧上下卡箍耳部，在卡箍螺孔位置上螺栓，并均匀轮换拧紧螺母，在拧螺母过程中用木榔头锤打卡箍，确保橡胶密封圈不会起皱，卡箍凸边需全圆卡进沟槽内。

（4）在刚性卡箍接头 500mm 内管道上补加支吊架。

3.4.4　系统试压

在系统试压前，应全面检查各安装件、固定支架等是否安装到位。安装完毕的管道可能有下垂，下垂弧度如果较大可补加支架；弧度如果较小，当管道内压力升高后，弧度会自然消失。

3.5　安装时注意事项

（1）管道不得有气孔、砂眼、缩孔裂纹等缺陷。

（2）密封圈的材质及性能必须符合要求，密封面上不得有气泡、杂质、裂口、凹凸不平等缺陷，不能使用老化的橡胶圈。

（3）卡环在卡箍内的移动距离理论上为接头伸缩量的一半，要实测实量，如果达不到，则不能满足管道的伸缩量要求。

（4）为了保证密封效果，出厂前与卡箍配套左右端管，实际工程中不宜用普通管直接代替端管，而且端管端面与轴线的垂直度及端面本身的平面度有一定要求，尺寸不标准则

使接头的伸缩量大大减小，满足不了使用要求。端管直径的尺寸要选正偏差，否则卡箍对密封圈的压紧力不够，影响接头密封效果。

（5）要控制好卡环离端管的距离，当两管端之间的间隙最小时，要保证卡环正好贴住斜面。

（6）在卡环位置确定的情况下，要根据管道的延伸率及施工时的环境温度通过计算确定两管端之间的间隙的大小。

3.6 质量验收标准

质量验收标准参见本项目训练 2 相关内容。

3.7 记录表格

参见本教材附录 1，附表 1-25 等内容。

3.8 实训考核

现场操作，根据各人参与程度、操作技术水平和小组最终产品质量确定成绩。考核采用综合考评方式，即学生自评，教师评价，见表 1-7、表 1-8 中所示。

学生实训自我评价表（学生用表） **表 1-7**

项目名称＿＿＿＿＿＿＿ 学生姓名＿＿＿＿＿＿＿ 组别＿＿＿＿＿＿＿

评价项目	评价标准			
	优 8～10	良 6～8	中 4～6	差 2～4
1. 学习态度是否主动，是否能及时完成教师布置的各项任务				
2. 是否完整地记录探究活动的过程，收集的有关的学习信息和资料是否完善				
3. 能否根据学习资料对项目进行合理分析，并对所制定的方案进行可行性分析				
4. 是否能够完全领会教师的授课内容，并迅速掌握技能				
5. 是否积极参与各种讨论与演讲，并能清晰地表达自己的观点				
6. 能否按照实训方案独立或合作完成实训项目				
7. 对实训过程中出现的问题能否主动思考，并使用现有知识进行解决，同时能否意识到自身知识的不足之处				
8. 通过项目训练是否达到所要求的能力目标				
9. 是否确立了安全、环保意识与团队合作精神				
10. 工作过程中是否能保持整洁、有序、规范的工作环境				
总　　评				
改进方法				

实训操作评分表(教师用表)   表 1-8

项目名称_____   组别_____   得分_____

项目	评价内容	要求	分值	扣分
实训前(20分)	记录表格	设计合理	5	
	着装	符合要求	5	
	进实训场地	准时	5	
	领用工具、材料	有序	5	
实训中(50分)	实训工作面	整洁有序	5	
	下脚料、垃圾等	按规定处理	5	
	实训操作	态度认真	10	
		操作规范	10	
	原始记录	规范、及时	5	
		真实、无涂改	5	
	问题处理	及时解决	5	
		方法合理	5	
实训后(30分)	领用设备及工具	及时归还	5	
	实训后工作面	清理	5	
	实训报告	完整、及时、规范	20	

训练4 以小组(4～6人)为单位，给水管道的防结露保温(绝热)施工

4.1 实训内容及时间安排

给水管道直管、变径管及阀门附件橡塑保温施工。以小组(4～6人)为单位，时间 4 学时。

4.2 实训目的

通过实训使学生熟练掌握管道及阀门附件防结露保温(绝热)施工的相关知识，提高自身的动手操作能力。

4.3 实训准备工作

1. 主要材料

(1) 带铝箔橡塑保温管(厚度 30mm)；带铝箔橡塑保温板(厚度 30mm)；专用胶带。保温材料的性能、规格应符合设计要求，并且有合格证，如图 1-13 所示。

(2) 橡塑保温管专用胶水，每升胶水可安装 3～4m² 板材或 15～18m 管材，使用温度为 5℃～70℃。

(3) $DN50$ 镀锌钢管 1.0m；$DN50$ 变

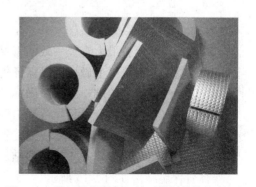

图 1-13 带铝箔橡塑保温管、带铝箔橡塑保温板

DN32 同心变径管；DN50 三通一个；DN50 弯头一个；DN50 截止法兰阀(两端带 0.5m 镀锌短管)一个。

2. 工具

(1) 毛刷：毛刷不应太大，刷毛应剪短，使刷毛变硬，以保证上胶均匀。

(2) 圆规、壁纸刀、锯刀、钢卷尺等。

(3) 盛胶水的小罐或小桶。

如图 1-14 所示。

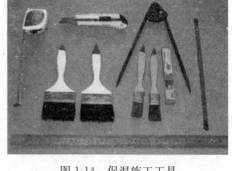

图 1-14 保温施工工具

4.4 实训步骤

4.4.1 施工作业条件

管道及设备试压、管道及设备防腐工程施工验收合格后方可施工保温层。

4.4.2 施工工艺流程

管壳剖割→管道涂刷胶水→安装管壳→接合处粘接→外观检查验收。

4.4.3 直管保温施工

(1) 选取一段合适长度和管径的橡塑管，管壳内径应与管道外径一致，将管壳纵向剖割。张开管壳切口套于管道上。

(2) 在开口管材的开口处涂上胶水。

(3) 待胶水干化后(胶水自然干化时间为 3~8min)，先粘结开口管材的两端。

(4) 再粘合管材的中点，之后又由两端向中间粘合，直至全部封合。

(5) 安装完毕，水平管道保温管切口位于管道的侧下方。

直管保温施工如图 1-15 所示。

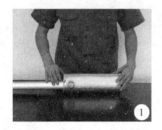

图 1-15 直管保温施工

4.4.4 变径管保温的施工

(1) 选择与变径管最大直径一致的管材，并切取所需长度。

(2) 测量，并在管材上做标记以保证管材修剪后小端管径与变径管最小直径一致。

(3) 以管的开缝为始端，沿着所做标记用壁纸刀，切出四块同样尺寸的楔型。

(4) 用胶水将切口粘合，只保留开口缝。

(5) 待切口粘牢后，将管材套在变径管上。

(6) 用胶水粘和接口，并与管道粘结。

变径管保温施工如图 1-16 所示。

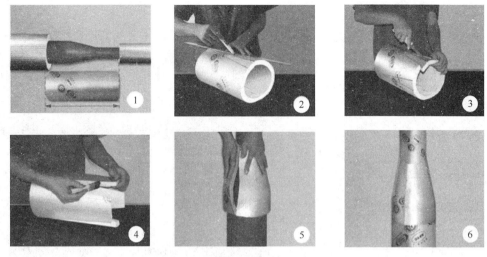

图 1-16 变径管保温的施工

4.4.5 小管径 90°直角弯头保温的施工

(1) 在保温管上垂直横切下一小段管材，将管材的外径，标注在保温管投影平面上，沿两个标注将保温管周长画出，在投影面上画出两周长线间 45°斜切面，用壁纸刀切下。

(2) 颠倒一个管面，在两个切面上涂上胶水，将弯头套在管道上，粘合成 90°弯头。

(3) 从两端向中间粘合管材的开口缝，直至封合。

如图 1-17 所示。

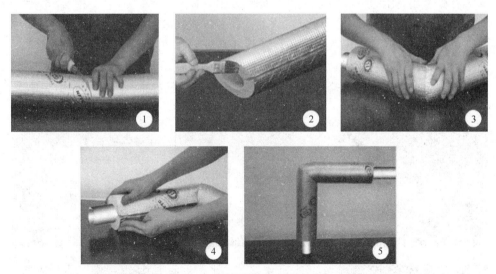

图 1-17 90°直角弯头保温的施工

4.4.6 大管径 90°直角弯头保温的施工

如图 1-18 所示，大管径 90°直角弯头保温的施工原理是：在管材上切下一小段，用来作管材的直径标准。在这两个圆切面的中间做一个圆切面，如图中所示的切线切下三段 22.5°的圆缺，将中间的圆缺旋转 180°就形成一个弯道，然后将这三段粘结起来即可。

(1) 按原理切割后，将中间的圆缺反转 180°。

（2）粘合这三部分就形成一个弯道。

（3）将弯道套在管道上，从两端向中间粘合弯道，如图 1-19 所示。

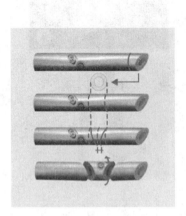

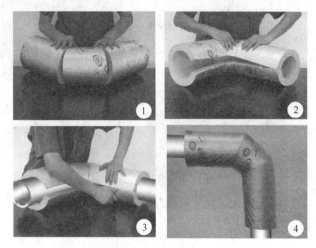

图 1-18　大管径 90°直角　　　　　　图 1-19　大管径 90°直角弯头保温的施工
弯头保温的原理

4.4.7　三通保温的施工

（1）在主管保温层上错开保温接口处开一个与安装支管相同直径的孔，形成一个 T 形接点。

（2）在孔上用壁纸刀开一条缝，便于安装支管。

（3）将保温管材安装在 T 形管的主管上，在开口缝处涂上胶水，粘合。

（4）另取一段支管的保温管材，在离管断口 R 处划一切线（R 为保温管材半径）；

（5）在切线与断口之间做一 U 形切面，修剪切面，在切面及开口缝上涂上胶水；

（6）胶水干化后，将保温管材套在支管上，与主管粘结起来，由两端向中间粘合，至封合，如图 1-20 所示。

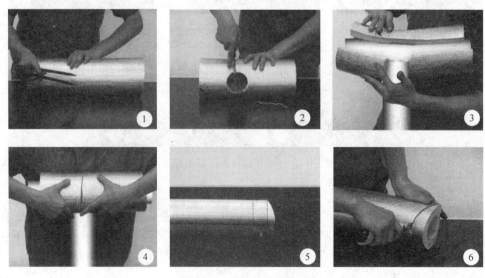

图 1-20　三通保温的施工

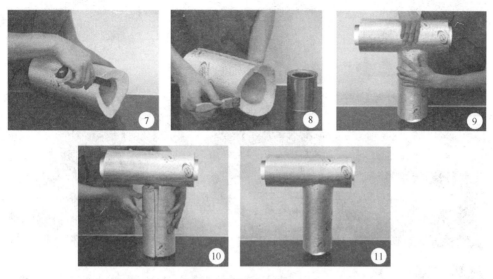

图 1-20　三通保温的施工(续)

4.4.8　阀门保温的施工

阀门保温的施工方法大致可按由里到外，填平再包的步骤进行，如图 1-21 所示。

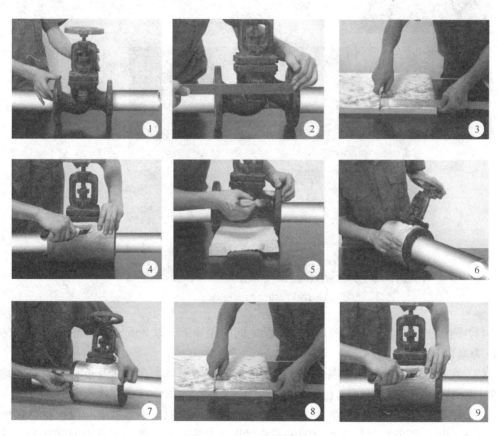

图 1-21　阀门保温的施工

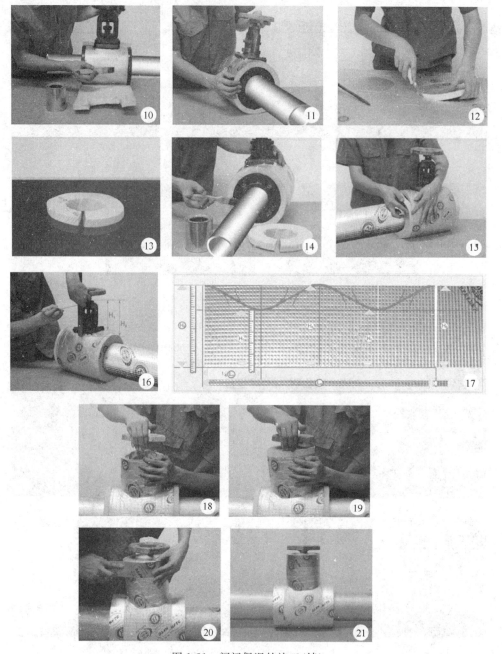

图 1-21　阀门保温的施工（续）

（1）测量出法兰半径 R，测量出两法兰之间的距离 L；以 $2\pi R$ 为长，两法兰之间的距离 L 为宽量取一段板材。

（2）在量取的板材上切去多余部分以保证板材包紧阀体，在阀体及板材的内表面均匀地涂上胶水，将板材包在阀体上并填平法兰间的空隙。

（3）以装上保温材料后的法兰周长为长，两法兰外端距离为宽量取一段板材；在切下的板材上切取一部分，以保证板材间的安装紧密；在安装好的板材外侧面及需要安装的板材内侧面涂上胶水；干化后，将板材包紧并保证材料切面与法兰外侧平齐。

（4）量取钢管半径，并以钢管半径为半径，装上材料后的法兰半径为外径，在合适的板材上切取一圆环；在圆环上切开一条缝，以便安装；在法兰外侧及圆环内侧涂上胶水；将圆环套在法兰外侧。

（5）量取阀门盖到阀门体的最小长度 H_1、阀门盖到阀门体的最大长度 H_2 及阀门心轴法兰周长 L_X；在一块合适的板材上按图所示切取材料；将材料包在阀门盖上。

（6）以阀体盖直径为外径、阀杆直径为内径在板材上切一个圆环，涂上胶水安装在阀体盖上，以保证密封；用封条将接口处粘结好，完成安装。

4.5　防结露保温(绝热)工程施工注意事项

（1）设在管井、吊顶里做防结露保温，防结露保温采用橡塑保温材料，防结露厚度是10mm，保温厚度25mm，保温材料为难燃 B1 级。

（2）绝热层纵横向的接缝，应错开。

（3）所有接口和支撑的地方都必须用专用胶水粘结，以保证密封，防止跑冷，出现结露现象。

（4）安装后所有的三通、弯头、阀门、法兰和其他附件都需要达到设计厚度。

（5）安装时应先大管后小管，先弯头，三通后直管，最后阀门、法兰。

（6）立管保温时，其层高小于或等于5m，每层应设一个支撑托盘，层高大于5m，每层应不少于2个，支撑托盘应焊在管壁上，其位置应在立管卡子上部200mm处，托盘直径不大于保温层的厚度。

（7）管道保温层，在直线管段上每隔5～7m应留一条间隙为5mm的膨胀缝，在弯管处管径小于或等于300mm处留一条间隙为20～30mm膨胀缝，膨胀缝用橡塑保温碎块材料填塞后用专用胶带包裹。

（8）所有的接缝都尽量安装在不显眼处，以保证美观。

（9）使用胶水之前摇动容器，使胶水均匀，在实际安装中，用小罐胶水以防止其挥发得太快，如有必要，可将大罐的倒入小罐中使用，不用时将罐口密封。不用涂胶水时，刷子不要浸泡在胶水中。

（10）在需要粘结的材料表面涂刷胶水时应该保证薄而均匀，待胶水干化到以手触摸不粘手为最好粘结效果。胶水自然干化时间按胶水说明书，时间的长短取决于施工环境的温度和相对湿度。

（11）粘结时，要掌握粘结时机，两粘贴面对准一按即可。如胶水已干透，要重新上胶再粘结。如果干胶超过两次，必须把老胶水清除，再可上胶粘结。

4.6　质量验收标准

（1）保温工程竣工后，必须按有关规定进行验收。验收时应具备下列资料：绝热材料及胶粘剂、密封剂等主要辅助材料的出厂合格证或理化性能试验报告；质量检查记录等。

（2）质量检查的取样布点为：设备每 $50m^2$、管道每50m，应各抽查三处，其中有一处不合格时，应就近加备取点复查，仍有 1/2 不合格时，应认定该处为不合格。超过 $500m^2$ 的同一管道保温工程验收时，取样布点的间距可以增大。

（3）质量标准。质量验收标准参见本项目训练2相关内容。

4.7　记录表格

参见本教材附录1，附表1-24等内容。

4.8　实训考核

现场操作，根据各人参与程度、操作技术水平和小组最终产品质量确定成绩。考核采用综合考评方式，即学生自评，教师评价，见表 1-9、表 1-10 中所示。

学生实训自我评价表（学生用表）　　　　　　　　　　　　　表 1-9

项目名称＿＿＿＿＿＿＿　　　学生姓名＿＿＿＿＿＿＿　　　组别＿＿＿＿＿＿＿

评价项目	评价标准			
	优 8～10	良 6～8	中 4～6	差 2～4
1. 学习态度是否主动，是否能及时完成教师布置的各项任务				
2. 是否完整地记录探究活动的过程，收集的有关学习信息和资料是否完善				
3. 能否根据学习资料对项目进行合理分析，对所制定的方案进行可行性分析				
4. 是否能够完全领会教师的授课内容，并迅速地掌握技能				
5. 是否积极参与各种讨论与演讲，并能清晰地表达自己的观点				
6. 能否按照实训方案独立或合作完成实训项目				
7. 对实训过程中出现的问题能否主动思考，并使用现有知识进行解决，并知道自身知识的不足之处				
8. 通过项目训练是否达到所要求的能力目标				
9. 是否确立了安全、环保意识与团队合作精神				
10. 工作过程中是否能保持整洁、有序、规范的工作环境				
总　评				
改进方法				

实训操作评分表（教师用表）　　　　　　　　　　　　　表 1-10

项目名称＿＿＿＿＿＿＿　　　组别＿＿＿＿＿＿＿　　　得分＿＿＿＿＿＿＿

项目	评价内容	要求	分值	扣分
实训前（20 分）	记录表格	设计合理	5	
	着装	符合要求	5	
	进实训场地	准时	5	
	领用工具、材料	有序	5	
实训中（50 分）	实训工作面	整洁有序	5	
	下脚料、垃圾等	按规定处理	5	
	实训操作	态度认真	10	
		操作规范	10	
	原始记录	规范、及时	5	
		真实、无涂改	5	
	问题处理	及时解决	5	
		方法合理	5	
实训后（30 分）	领用设备及工具	及时归还	5	
	实训后工作面	清理	5	
	实训报告	完整、及时、规范	20	

项目2　室内排水管道工程施工实训

训练1　建筑排水管道工程施工图识读

1.1　实训内容及时间安排

某住宅楼排水工程施工图的识读。每人4学时独立撰写排水工程识读实训报告一份。

1.2　实训目的

通过建筑排水施工图的识读训练，使学生掌握排水施工图的阅读程序和方法，进一步了解建筑排水工程设计内容、常用材料、设备等，为施工管理、确定工程造价等奠定基础。

1.3　实训要求

（1）掌握建筑排水施工图的一般知识。

（2）熟悉建筑排水施工图的常用图例符号和文字符号。

（3）了解建筑排水施工图的阅读程序。

（4）掌握建筑排水系统图的识读方法。

1.4　实训步骤

1.4.1　建筑排水施工图的主要内容

建筑排水与给水共同组成施工图，由平面图、系统图 、详图、设计说明和设备及材料表等组成。

1. 平面图

平面图所表达的内容如下：

（1）表明建筑物内用水房间的平面分布情况。

（2）卫生器具、热交换器、贮水罐、水箱、水泵、水加热器等建筑设备的类型、平面布置、定位尺寸。

（3）污水局部构筑物（如室内检查井）的种类和平面位置。

（4）排水系统中的排出管、干管、立管、支管的平面位置、走向、管径规格、系统编号、立管编号以及室内外管道的连接方式。

（5）管道附件（如雨水斗、地漏、清扫口等）的平面布置、规格、型号、种类以及敷设方式。

平面图的一般画法如图2-1所示。

排水平面图上要标明建筑物外墙主要的纵向和横向轴线及其编号，注明房间名称，当建筑物内排水卫

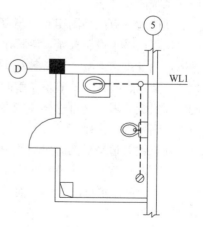

图2-1　卫生间排水平面图

生设备比较集中时，可只画出与其相关的部分建筑平面，其余部分可以不画，画出部分要注明建筑轴线。

2. 系统图

系统图就是排水系统的轴测投影图。主要表明管道的立体走向，其主要内容如下：

（1）表明自卫生器具至污水排出管的空间走向和布置情况。

（2）管道的规格、标高、坡度，以及系统编号和立管编号。

（3）管道附件的设置情况，包括种类、型号、规格、位置、标高等。

（4）排水系统通气管设置方式，与排水管道之间的连接方式，出屋顶通气管上的通气帽的设置及标高。

（5）室内雨水管道系统的雨水斗与管道连接形式，雨水斗的分布情况，以及室内地下检查井的设置情况。如图 2-2 所示，为排水系统图。系统图上排水立管和排出管的编号与平面图一一对应。排水系统图上还应画出底层和各楼层地面的相对标高。

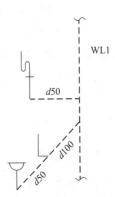

图 2-2　排水系统图

3. 详图

参见本教材项目 1 某宿舍楼给排水工程相关图纸。

4. 设计说明

参见本教材项目 1 某宿舍楼给排水工程相关说明。

5. 设备及材料表

参见项目 1 某宿舍楼给排水工程相关说明。

1.4.2　建筑排水施工图的识读方法

阅读建筑排水施工图与建筑给水施工图类似，一般应遵循从整体到局部，从大到小，从粗到细的原则。对于一套图纸，看图的顺序是先看图纸目录，了解建设工程的性质、设计单位、管道种类、搞清楚这套图纸有多少张，有几类图纸以及图纸编号；其次是看施工图设计说明、设备及材料表等一系列文字说明；然后把平面图、系统图、详图等交叉阅读。对于一张图纸而言，首先是看标题栏，了解图纸名称、比例、图号、图别等，最后对照图例和文字说明进行细读。

阅读主要图纸之前，应当先看说明和设备材料表，然后以系统图为线索深入阅读平面图、系统图及详图。

阅读时，应三种图相互对照着看。先看系统图，对各系统做到大致了解。看排水系统图时，可由排水设备开始，沿排水方向经支管、横管、立管、干管到排出管；然后对照平面图，使管道、器具、设备等在头脑里转换成空间的立体位置。对于某些卫生器具的安装尺寸、要求、接管方式等不了解时还必须辅以相应的安装详图。通过详图的识读搞清具体的细部安装要求，只有这样才能真正地将施工图阅读好。

1. 平面图的识读

在识读管道平面图时，应该掌握的主要内容和注意事项如下。

（1）查明卫生器具的类型、数量、安装位置、定位尺寸。

（2）弄清污水排出管的平面位置、走向、定位尺寸、与室外给排水管网的连接形式、管径及坡度等。

（3）查明排水干管、立管、支管的平面位置与走向、管径尺寸及立管编号。

（4）对于室内排水管道，还要查明清通设备的布置情况、清扫口和检查口的型号和位置。

2. 系统图的识读

排水管道系统图主要表明管道系统的立体走向。

在识读系统图时，应掌握的主要内容和注意事项如下：

（1）查明排水管道的具体走向，管路分支情况，管径尺寸与横管坡度，管道各部分标高，存水弯的形式，清通设备的设置情况，弯头及三通的选用等。识读排水管道系统图时，一般按卫生器具或排水设备的存水弯、器具排水管、横支管、立管、排出管的顺序进行。

（2）系统图上对各楼层标高都有注明，识读时可据此分清管路是属于哪一层的。

3. 施工详图的识读

室内排水工程的施工详图包括节点图、大样图、标准图，主要是管道节点、卫生器具、套管、排水设备、管道支架等的安装图及卫生间大样图等。

这些图都是根据实物用正投影法画出来的，图上都有详细尺寸，可供安装时直接使用。

1.4.3 办公楼给排水施工图的识读

如图 2-3～图 2-5 所示，为某三层的办公楼给排水施工图平面图和系统图。

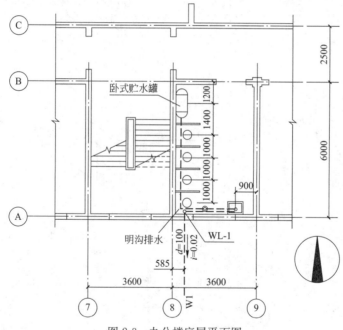

图 2-3 办公楼底层平面图

从平面图中，我们可以了解建筑物的朝向、基本构造、有关尺寸，掌握各条管线的编号、平面位置、管子和管路附件的规格、型号、种类、数量等；从系统图中，我们可以看出管路系统的空间走向、标高、坡度和坡向等。

通过对管道平面图的识读可知这是一幢三层楼的建筑，图上只画出了卫生间和楼梯间。底层卫生间内设有四组淋浴器，一只洗脸盆，还有一个地漏。二层卫生间内设有高水箱蹲式大便器三套、小便器两套、洗脸盆一只、洗涤盆一只、地漏两只。三楼卫生间内卫生器具的布置和数量都与二楼相同。

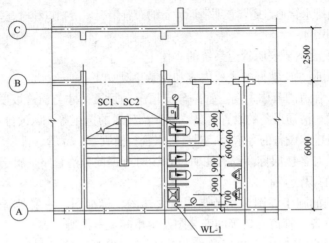

图 2-4　办公楼二、三层平面图

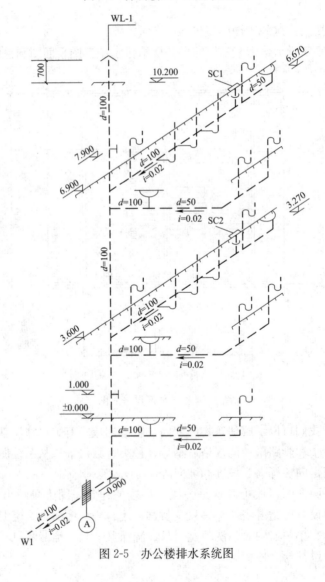

图 2-5　办公楼排水系统图

排水系统（用粗虚线表示）在二楼和三楼都是分两路横管与立管相连接：一路是地漏、洗脸盆、三只蹲式大便器和洗涤盆组成的排水横管，在横管上设有清扫口（图面上用 SC1、SC2 表示），清扫口之前的管径为 $d50$，之后的管径为 $d100$；另一路是两只小便器和地漏组成的排水横管，地漏之前的管径为 $d50$，之后的管径为 $d100$。两路管线坡度均为 0.02。底层是洗脸盆和地漏所组成的排水横管，属埋地敷设，地漏之前管径为 $d50$，之后为 $d100$，坡度 0.02。

排水立管及通气管管径 $d100$，立管在底层和三层分别距地面 1.00m 处设检查口，通气管伸出屋面 0.7m。排出管管径 $d100$，过墙处标高 -0.900m，坡度 0.02。

1.5　记录表格

参考项目 1 某住宅楼给排水工程示例图纸（图 1-1、图 1-2、图 1-4），进行施工图识读，将内容填入下表 2-1。

室内排水管道识读

表 2-1

指导老师		成绩	
实训任务			
实训目的			
实训报告要求	1. 查明建筑物情况 2. 查明卫生器具的类型、数量、安装位置等 3. 弄清排水系统形式、管路组成、平面位置、标高、材料、走向、敷设方式等		
建筑物情况			
卫生器具设置情况			
排水系统			
总结			

1.6　实训考核

考评等级分为优、良、中、及格、不及格，由指导教师给出的成绩汇总确定。

训练2　以小组(4～6人)为单位，硬聚氯乙烯管(U-PVC)排水管道安装

2.1　实训内容及时间安排

(1)进行 U-PVC 排水管道的预制连接训练，2学时。

(2)参考项目1某住宅楼给排水工程示例图纸，进行 U-PVC 排水管道干管、立管、支管安装操作实训，6学时。

共8学时

2.2　实训目的

(1)掌握 U-PVC 排水管道的连接方法。

(2)掌握 U-PVC 排水管道系统安装工艺。

(3)熟悉 U-PVC 排水管道安装要求和验收标准。

2.3　实训准备工作

1. 材料要求

(1)管材为硬质聚氯乙烯管(U-PVC)及配套管件，如图2-6所示。所用胶粘剂应是同一厂家配套产品，应与卫生洁具连接相适宜，并有产品合格证及说明书。

(2)管材内外表层应光滑，无气泡、裂纹，管壁薄厚均匀，色泽一致。直管段挠度不大于1‰，管件造型应规矩、光滑，无毛刺。承口应有梢度，并与插口配套。

图2-6　硬质聚氯乙烯管(U-PVC)及配套管件

(3)其他材料：胶粘剂、型钢、圆钢、卡件、螺栓、螺母、肥皂等。

2. 主要机具

手电钻、冲击钻、手工锯(砂轮机)、铣口器、钢刮板、活扳手、手锤、水平尺、毛刷、棉布、线坠等。

2.4　实训步骤

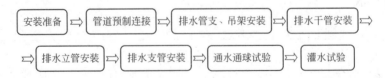

安装准备 ⇒ 管道预制连接 ⇒ 排水管支、吊架安装 ⇒ 排水干管安装 ⇒

⇒ 排水立管安装 ⇒ 排水支管安装 ⇒ 通水通球试验 ⇒ 灌水试验

2.4.1　安装准备

根据设计图纸及技术交底，检查、核对预留孔洞大小尺寸是否正确，将管道坐标、标高位置画线定位。

2.4.2　管道预制连接

公称直径小于200mm 的 U-PVC 排水管道连接时可以采用承插粘结，大于200mm 时应采用弹性密封圈柔性接头连接。采用承插粘结时操作步骤和方法如下：

1. 管材与管件质量检查

根据设计图纸，认真核对检查管材、管件的规格型号和质量。

2. 切管

根据图纸要求并结合实际情况，按预留口位置测量尺寸，绘制加工草图。根据草图量好管道尺寸，然后用手工锯切管，切割管材时要保证管口平整且垂直于轴线。

3. 坡口

管材切割后需将插口处倒小圆角，即管口外缘倒角，形成坡口后再进行连接。坡口坡度宜15°~20°，边坡长度接管径大小确定，宜取2.5~4.0mm。坡口加工完后，应将残屑清除干净。

4. 试承插

将承插口试插一次，使插入深度及配合情况符合要求，并在插入端表面画出插入承口深度的标线，管端插入承口深度不应小于表2-2中的规定。

管材插入管件承口深度

表 2-2

序号	外径(mm)	管端插入管件承口深度(mm)
1	40	25
2	50	25
3	75	40
4	110	48
5	160	58

5. 清理工作面

用洁净棉纱将承口内侧、插口外侧擦拭干净，若粘结表面有油污时，须用丙酮等清洁剂擦拭承口及管口表面，但不得将管材、管件头部浸入清洁剂。

6. 涂刷胶粘剂

待清洁剂全部挥发后，将管口、承口用清洁无污的鬃刷蘸取胶粘剂迅速涂刷在插口外侧、管件承口内侧结合面。涂刷时先涂承口，后涂插口，宜轴向由里向外均匀涂刷，不得漏涂，一般应涂刷两遍以上。大口径管道承插面应同时涂刷。

7. 连接

胶粘剂涂刷经检查合格后，应立即找正方向将插口对准承口迅速插入，用力挤压，使管端插入的深度至所画线并到达承口根部，且保证承插接口的同心度和接口位置正确，同时必须保持足够的时间，一般约30s~1min。承插应一次完成，当插入1/2承口时应稍加转动，但不应超过1/4圈，然后一次插到底部，插到底后不得再旋转。全部过程应在20s内完成。当施工期间气温较高，当发现涂刷部位胶粘剂已部分干燥，应按以上规定重新涂刷。

8. 承插口的养护

粘结工序完成，应将残留承口的多余胶粘剂擦揩干净，粘结部位在1h内不应受外力作用，24h内不得通水试压。

2.4.3 干管安装

排水横干管按其所处的位置不同，有两种情况：一种是建筑物底层的排水横干管直接铺设在底层的地下；另一种是各楼层中的排水横干管，可敷设在支吊架上。U-PVC排水管道一般在支吊架上敷设。

（1）根据设计图纸要求的坐标、标高预留槽洞或预埋套管。

（2）按设计坐标、标高、坡向做好托、吊架。

（3）施工条件具备时，将预制加工好的管段，按编号运至安装部位进行安装。各管段粘连时也必须按粘结工艺依次进行。全部粘连后，管道要直，坡度均匀，各预留口位置准确。

（4）干管安装完后应做灌水试验，出口用充气橡胶堵封闭，达到不渗漏，水位不下降为合格。

（5）托吊管粘牢后再按水流方向找坡度。最后将预留口封严和堵洞。

2.4.4　立管安装

（1）首先按设计坐标要求，将洞口预留或后剔，洞口尺寸不得过大，更不可损伤受力钢筋。预留孔洞的洞口尺寸见表2-3。

排水管道穿墙、穿楼板时配台土建预留孔洞的洞口尺寸（单位：mm）　　表 2-3

管道名称	管径	孔洞尺寸	管道名称	管径	孔洞尺寸
排水立管	50	150×150	排水横支管	≤50	250×200
	70~100	200×200		100	300×250

（2）安装前清理场地，根据需要支搭操作平台。

（3）将已预制好的立管运到安装部位。安装立管需装伸缩节，伸缩节上应沿距地坪或蹲便台70~100mm。首先清理已预留的伸缩节（图2-7），取出U型橡胶圈，清理杂物。复查上层洞口是否合适。立管插入端应预先标记好插入的长度，然后涂上肥皂液，套上锁母及U型橡胶圈。

（4）安装时先将立管上端伸入上一层洞口内，垂直用力插入至标记为止（一般预留胀缩量为20~30mm）。合适后即用自制U型钢制抱卡紧固于伸缩节上沿。然后找正找直，并测量顶板距三通口中心是否符合要求。无误后即可堵洞，并将上层预留伸缩节封严。

图 2-7　螺纹伸缩节

2.4.5　支管安装

首先剔出吊卡孔洞或复查预埋件是否合适。清理场地，根据需要支搭操作平台。将预制好的支管按编号运至现场。清除各粘接部位的污物及水分。将支管水平初步吊起，涂抹胶粘剂，用力推入预留管口。根据管段长度调整好坡度。合适后固定卡架，封闭各预留管口和堵洞。

2.4.6　器具连接管安装

核查建筑物地面、墙面做法，厚度。找出预留口坐标、标高。然后按准确尺寸修整预留洞口。分部位实测尺寸做记录，并预制加工、编号。安装粘接时，必须将预留管口清理干净，再进行粘结。粘牢后找正、找直，封闭管口和堵洞。打开下一层立管扫除口，用充气橡胶堵封闭上部，进行灌水试验。合格后，撤去橡胶堵，封好扫除口。

2.4.7　灌水试验、通水试验和通球试验

1. 灌水试验

隐蔽或埋地的排水管道在隐蔽前必须做灌水试验。

(1) 封闭排出管口。

① 标高低于各层地面的所有排水管管口，用短管暂时接至地面标高以上。对于横管上和地下甩出(或楼板下甩出)的管道清扫口须加垫、加盖，按工艺要求正式封闭好。

② 通向室外的排出管管口，用不小于管径的橡胶胆(胶囊)堵严，放进管口充气堵严。底层立管和地下管道灌水时，用胶囊从底层立管检查口放入，上部管道堵严。向上逐层灌水，依次类推。

③ 高层建筑需分区、分段，再分层试验。

打开检查口，用卷尺在管外测量由检查口至被检查水平管的距离加斜三通以下500mm 左右，记上该总长，测量出胶囊到胶管的相应长度，并在胶管上做好标记，以便控制胶囊进入管内的位置。

将胶囊由检查口慢慢送入，一直放至测出的位置。

向胶囊充气并观察压力表，数值上升到 0.07 MPa 为止，最高不得超过 0.12 MPa。

(2) 向管道内灌水。

① 用胶管从便于检查的管口向管道内灌水，一般选择出户排水管离地面近的管口灌水。当高层建筑排水系统灌水试验时，可从检查口向管内注水。边灌水边观察卫生设备的水位，直到符合规定为止。

② 灌水高度及水面位置控制：其灌水高度应不低于底层卫生器具的上边缘或底层地面的高度。大小便冲洗槽、水泥拖布池、水泥盥洗池灌水量不少于槽(池)深的 1/2；水泥洗涤池不少于池深的 2/3；坐式大便器的水箱，大便槽冲洗水箱水量应至控制水位；盥洗面盆、洗涤盆、浴盆灌水量应至溢水处；蹲式大便器灌水量至水面低于大便器边沿 5mm 处；地漏灌水时水面高于地表面 5mm 以上，便于观察地面水排除状况，地漏边缘不得渗水。

③ 从灌水开始，应设专人检查监视出户排水管口、地下扫除口等易跑水部位，发现堵盖不严或高层建筑灌水中胶囊封堵不严，以及发现管道漏水等应立即停止向管内灌水，并进行整修。待管口堵塞、胶囊封闭严密和管道修复、接口达到强度后。再重新进行灌水试验。

④ 停止灌水后，详细记录水面位置和停灌时间。

(3) 检查，做灌水试验记录。

① 停止灌水 15min 后在未发现管道及接口渗漏的情况下再次向管道灌水，使管内水面恢复到停止灌水时的水面位置，第二次记录好时间。

② 施工人员、施工技术质量管理人员、业主、监理等相关人员在第二次灌满水 5min后，对管内水面进行共同检查，水面没有下降、管道及接口无渗漏为合格，立即填写排水管道灌水试验记录。

③ 检查中若发现水面下降则为灌水试验不合格，应对管道及各接口、堵口全面细致地进行检查、修复，排除渗漏因素后重新按上述方法进行灌水试验，直至合格。

④ 高层建筑的排水管灌水试验须分区、分段、分层进行，试验过程中依次做好各个

部分的灌水记录，不可混淆，也不可替代。

⑤ 灌水试验合格后，从室外排水口放净管内存水。把灌水试验临时接出的短管全部拆除，各管口恢复原标高，拆管时严防污物落入管内。

2. 通水试验

（1）室内排水管道安装完毕，灌水试验合格后交付使用前，应从管道甩口或卫生器具排水口放水或给水系统给水进行通水试验。水流通畅，各接口无渗漏为合格。

（2）雨水管道安装完毕，灌水试验合格后交付使用前，应从雨水斗处放水或利用天然雨水进行通水试验。水流畅通，各接口无渗漏为合格。

3. 通球试验

（1）为防止水泥、砂浆、钢丝、钢筋等物卡在管道内，排水主立管及水平干管管道均应做通球试验。通球球径不小于排水管道管径的 2/3，通球率必须达到 100%。胶球直径的选择可参见表 2-4。

管径胶球对应选择表（单位：mm）   表 2-4

管径	75	100	150
胶球直径	50	75	100

（2）试验顺序从上而下进行，以不堵为合格。

（3）胶球从排水立管顶端投入，并在管内注入一定水量，使球能顺利流出为宜。通球过程如遇堵塞，应查明位置进行疏通，直到通球无阻为止。

（4）通球完毕，须分区、分段进行记录，填写通球试验记录。

2.5 质量检验标准

1. 主控项目

（1）隐蔽或埋地的排水管道在隐蔽前必须做灌水试验。其灌水高度应不低于底层卫生器具的上边缘或底层地面高度。

检验方法：满水 15min 水面下降后，再灌满观察 5min，液面不降。管道及接口无渗漏为合格。

（2）生活污水铸铁管道的坡度必须符合设计或表 2-5 的规定。

生活污水铸铁管道的坡度   表 2-5

项次	管径(mm)	标准坡度(‰)	最小坡度(‰)
1	50	35	25
2	75	25	15
3	100	20	12
4	125	15	10
5	150	10	7
6	200	8	5

检验方法：水平尺、拉线尺量检查。

（3）生活污水塑料管道的坡度必须符合设计或表 2-6 的规定。

生活污水塑料管道的坡度　　　　　　　　　　表 2-6

项次	管径(mm)	标准坡度(‰)	最小坡度(‰)
1	50	25	12
2	75	15	8
3	110	12	6
4	125	10	5
5	160	7	4

检验方法：水平尺、拉线尺量检查。

(4) 排水塑料管必须按设计要求及位置装设伸缩节。如设计无要求时，伸缩节间距不得大于 4m。

高层建筑中明设排水塑料管道应按设计要求设置阻火圈或防火套管。

检验方法：观察检查。

(5) 排水主立管及水平干管管道均应做通球试验，通球球径不小于排水管道管径的 2/3，通球率必须达到 100%。

检查方法：通球检查

2. 一般项目

(1) 在生活污水管道上设置的检查口或清扫口，当设计无要求时应符合下列规定。

1) 在立管上应每隔一层设置一个检查口，但在最底层和有卫生器具的最高层必须设置。如为两层建筑时，可仅在底层设置立管检查口；如有乙字弯管时，则在该层乙字弯管的上部设置检查口。检查口中心高度距操作地面一般为 1m，允许偏差±20mm；检查口的朝向应便于检修。暗装立管，在检查口处应安装检修门。

2) 在连接 2 个及 2 个以上大便器或 3 个及 3 个以上卫生器具的污水横管上应设置清扫口。当污水管在楼板下悬吊敷设时，可将清扫口设在上一层楼地面上，污水管起点的清扫口与管道相垂直的墙面距离不得小于 200mm；若污水管起点设置堵头代替清扫口时，与墙面距离不得小于 400mm。

3) 在转角小于 135°的污水横管上，应设置检查口或清扫口。

4) 污水横管的直线管段，应按设计要求的距离设置检查口或清扫口。

检验方法：观察和尺量检查。

(2) 埋在地下或地板下的排水管道的检查口，设在检查井内。井底表面标高与检查口的法兰相平，井底表面应有 5% 坡度，坡向检查口。

检验方法：尺量检查。

(3) 金属排水管道上的吊钩或卡箍应固定在承重结构上。固定件间距：横管不大于 2m；立管不大于 3m。楼层高度小于或等于 4m，立管可安装 1 个固定件。立管底部的弯管处应设支墩或采取固定措施。

检验方法：观察和尺量检查。

(4) 排水塑料管道支、吊架间距应符合规范的规定。

检验方法：尺量检查。

（5）排水通气管不得与风道或烟道连接，且应符合下列规定。

1）通气管应高出屋面 300mm，但必须大于最大积雪厚度。

2）在通气管出口 4m 以内有门、窗时，通气管应高出门、窗顶 600mm 或引向无门、窗一侧。

3）在经常有人停留的平屋顶上，通气管应高出屋面 2m，并应根据防雷要求设置防雷装置。

4）屋顶有隔热层应从隔热层板面算起。

检验方法：观察和尺量检查。

（6）安装未经消毒处理的医院含菌污水管道，不得与其他排水管道直接连接。

检验方法：观察检查。

（7）饮食业工艺设备引出的排水管及饮用水水箱的溢流管，不得与污水管道直接连接，并应留出不小于 100mm 的隔断空间。

检验方法：观察和尺量检查。

（8）通向室外的排水管，穿过墙壁或基础必须下返时，应采用 45°三通和 45°弯头连接，并应在垂直管段顶部设置清扫口。

检验方法：观察和尺量检查。

（9）由室内通向室外排水检查井的排水管，井内引入管应高于排出管或两管顶相平，并有不小于 90°的水流转角，如跌落差大于 300mm 可不受角度限制。

检验方法：观察和尺量检查。

（10）用于室内排水的水平管道与水平管道、水平管道与立管的连接，应采用 45°三通或 45°四通和 90°斜三通或 90°斜四通。立管与排出管端部的连接，应采用两个 45°弯头或曲率半径不小于 4 倍管径的 90°弯头。

检验方法：观察和尺量检查。

（11）室内排水管道安装的允许偏差应符合表 2-7 的相关规定。

室内排水和雨水管道安装的允许偏差和检验方法　　　　　　表 2-7

项次	项目			允许偏差（mm）	检验方法
1	坐标			15	
2	标高			±15	
3	横管纵横方向弯曲	铸铁管	每 1m	≤1	用水准仪（水平尺）、直尺、拉线和尺量检查
			全长（2m 以上）	≤25	
		钢管	每 1m　管径小于或等于 100mm	1	
			每 1m　管径大于 100mm	1.5	
			全长（2m 以上）　管径小于或等于 100mm	≤25	
			全长（2m 以上）　管径大于 100mm	≤30	
		塑料管	每 1m	1.5	
			全长（2m 以上）	≤38	
		钢筋混凝土管、混凝土管	每 1m	3	
			全长（2m 以上）	≤75	

续表

项次	项目			允许偏差(mm)	检验方法
4	立管垂直度	铸铁管	每1m	3	吊线和尺量检查
			全长(5m以上)	≤15	
		铁管	每1m	3	
			全长(5m以上)	≤10	
		塑料管	每1m	3	
			全长(5m以上)	≤15	

2.6　记录表格

记录表格可参见附录1相关内容，一般包括下列内容。

（1）应有管材和管件的产品合格证。

（2）胶粘剂合格证及使用期限。

（3）排水横干管预检记录。

（4）排水立管预检记录。

（5）排水支管预检记录。

（6）排水管道隐蔽检查记录。

（7）排水管道灌水记录。

（8）排水系统通水记录。

（9）排水立管、横干管通球记录。

（10）卫生器具通水记录。

2.7　实训考核

现场操作，根据各人参与程度、操作技术水平和小组最终产品质量确定成绩。考核采用综合考评方式，即学生自评，教师评价，见表2-8、表2-9中所示。

学生实训自我评价表(学生用表) 表 2-8

项目名称＿＿＿＿＿＿　　　学生姓名＿＿＿＿＿＿　　　组别＿＿＿＿＿＿

评价项目	评价标准			
	优 8～10	良 6～8	中 4～6	差 2～4
1. 学习态度是否主动，是否能及时完成教师布置的各项任务				
2. 是否完整地记录探究活动的过程，收集的有关的学习信息和资料是否完善				
3. 能否根据学习资料对项目进行合理分析，对所制定的方案进行可行性分析				
4. 是否能够完全领会教师的授课内容，并迅速地掌握技能				
5. 是否积极参与各种讨论与演讲，并能清晰地表达自己的观点				
6. 能否按照实训方案独立或合作完成实训项目				
7. 对实训过程中出现的问题能否主动思考，并使用现有知识进行解决，并知道自身知识的不足之处				

续表

评价项目	评价标准			
	优 8～10	良 6～8	中 4～6	差 2～4
8. 通过项目训练是否达到所要求的能力目标				
9. 是否确立了安全、环保意识与团队合作精神				
10. 工作过程中是否能保持整洁、有序、规范的工作环境				
总　　评				
改进方法				

实训操作评分表(教师用表)　　　　　　　　　　　　表 2-9

项目名称＿＿＿＿＿＿＿　　　　组别＿＿＿＿＿＿＿　　　　得分＿＿＿＿＿＿＿

项目	评价内容	要求	分值	扣分
实训前(20分)	记录表格	设计合理	5	
	着装	符合要求	5	
	进实训场地	准时	5	
	领用工具、材料	有序	5	
实训中(50分)	实训工作面	整洁有序	5	
	下脚料、垃圾等	按规定处理	5	
	实训操作	态度认真	10	
		操作规范	10	
	原始记录	规范、及时	5	
		真实、无涂改	5	
	问题处理	及时解决	5	
		方法合理	5	
实训后(30分)	领用设备及工具	及时归还	5	
	实训后工作面	清理	5	
	实训报告	完整、及时、规范	20	

训练3　以小组(4～6人)为单位，铸铁排水管道安装

3.1　实训内容及时间安排

以小组(4～6人)为单位。共8学时，其中：

1. 管道定位放线实训　1学时
2. A形柔性接口排水铸铁管道干管、立管、支管安装操作实训 3学时
3. W形柔性接口排水铸铁管道连接实训 3学时
4. 管道支吊架安装实训 1学时

3.2　实训目的

1. 掌握柔性接口排水铸铁管道安装工艺
2. 熟悉管道支、吊架的安装
3. 掌握A形和W形柔性接口排水铸铁管连接方法

3.3 实训准备工作

1. 材料要求

（1）所使用的管材、管件的型号、规格必须符合设计、规范的要求，并且应外观一致，无破损、毛刺、砂眼等缺陷。

（2）所有吊件、支件的制作安装严格按照规范进行；支架、吊架采用型钢、螺栓孔不得使用电气焊开孔、扩孔或切割。

（3）排水铸铁管材、管件及其他辅助材料均应符合使用要求。

2. 主要机具

砂轮切割机、台钻、电锤、电焊机、扳手、线坠、水平尺、钢卷尺等。

3.4 实训步骤

排水铸铁管有刚性接口和柔性接口两种，建筑内部排水管道应采用柔性接口机制排水铸铁管，以适应建筑楼层间变位导致的轴向位移和横向曲挠变形，防止管道裂缝、折断。A 形和 W 形柔性接口排水铸铁管及管件由于其易于装配和维修，广泛应用于民用及一般工业建筑的室内排水系统。

排水铸铁管的安装工艺流程如下：

安装准备 ⟹ 预制加工 ⟹ 排水管支、吊架安装 ⟹ 排水干管安装

⟹ 排水立管安装 ⟹ 排水支管安装 ⟹ 通球试验 ⟹ 灌水试验

3.4.1 安装准备

（1）施工前技术人员要根据施工图纸并结合现场的实际情况绘制出施工草图，主要根据设计的层高及各层地面做法厚度，管道的坐标、标高、坡度和坡向，管道甩口位置，管道直径，以及支吊架设置的位置等来绘制施工草图。根据施工草图提出该系统的材料计划、机具设备需求计划、劳动力计划，并向施工人员进行技术交底。要使施工人员明白施工任务、工期要求、质量要求、安全防护措施及具体的操作方法。

（2）根据设计图纸及技术交底，检查、核对预留孔洞大小尺寸是否正确，将管道坐标、标高位置画线定位。管道放线定位的具体要求：

1）管道放线由总管到干管再到支管放线定位。放线前逐层进行细部会审，使各管线互不交叉或少交叉，同时预留防结露保温及维修操作空间。

2）排水管到安装以建筑轴线定位，同时以墙、柱、梁为辅助定位依据。定位时，按施工图确定管道的走向，在墙（柱）上弹出管道定位的坡度线，水平管道坡度按照规范要求为 0.01～0.035，坡度线取管底标高作为管道坡度的基准。

3）立管放线时，贯穿各楼层总立管预留空洞，自上而下吊线，弹出立管安装的垂直中心线，作为立管定位与安装的基准线。

3.4.2 预制加工

（1）根据绘制的施工草图中标明的尺寸进行管道的切割下料，管道切口的段面应与管道轴线垂直，切口处的毛刺应清理干净，操作时必须仔细除去。下料时，根据所选用的管件本身的长度及接头的间隙计算出排水管的实际下料尺寸，再进行切割下料。

（2）管道的施工应尽可能预制成适当长度的管段后再进行安装。在不影响现场安装的前提下，尽可能进行管道的地面预制，将管道通过三通、弯头、异径管等管件预制成较为完整的管段，再进行安装，减少高空作业和安装工作量，即可提高功效，又能保证质量。在预制好的管段做上编号，码放在平坦的场地，管段下方用方木垫实。

（3）根据施工草图和现场的实际情况，确定支吊架的形式和数量，在地面进行支吊架的预制加工，在结构施工期间进行预留铁的预留预埋。

3.4.3　排水管支、吊架安装

（1）建筑排水柔性接口铸铁管安装，其上部管道重量不应传递给下部管道，立管重量应由支架承受，横管重量应由支、吊架承受。支吊架的型式、材质、加工尺寸、制造质量和防腐要求等必须符合设计和规范要求，支吊架的安装位置和标高要符合设计要求。管道安装时尽量不使用临时支吊架，应及时固定和调整支吊架。

（2）管道支吊架设置位置要符合设计和规范要求，埋设要牢固。管卡或吊卡与管道接触要紧密，并不得损伤管道外表面。排水立管采用管卡在柱上或在墙体等承重结构部位锚固。对于轻质隔墙部位立管可在楼板上用支架固定。横管吊架可锚固在楼板、梁上，横管托架要锚固在墙体内。安装在墙上、混凝土柱上的支架，要在建筑工程施工时配合预留洞或预埋铁件，杜绝任意打洞，以免损坏建筑结构。在墙板的砌体上设支承角钢和斜撑角钢，先凿孔 240mm×220mm，再以现浇混凝土 C20 填实。

（3）对于排水横管支吊架的安装，当管材长度不小于 1.2m 时，每根管材上必须安装 1 个；当管材长度小于 1.2m 时，可间隔安装。横管与弯头、三通、四通等管件的连接处，接头每一侧必须安装一个吊架(托架)，两个吊架的间距不得大于 3m，吊架与接头间的净距不得大于 300mm。吊架用钢吊杆的直径按表 2-10 确定。

表 2-10

吊架用钢吊杆直径表

管道公称直径 DN	吊杆直径
≤100mm	≤10mm
125～200mm	≥12mm
250～300mm	≥16mm

排水横管起端和终端应采用防晃支架或防晃吊架固定，当横干管长度较长时，为防止管道水平位移，横干管直线段防晃支架或防晃吊架的设置间距不大于 12m。横管固定吊架的形式及材料尺寸如图 2-8 和表 2-11 所示。

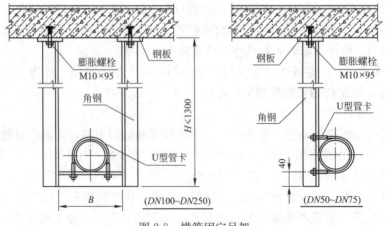

图 2-8　横管固定吊架

排水横管固定吊架材料、尺寸表(mm)　　　　表 2-11

公称直径 DN	50	75	100	125	150	200	250
B	—	—	220	250	280	330	380
角钢规格	∠40×40×4		∠50×50×5			∠63×63×6	
钢板 A×B×δ	100×70×8		110×80×8			130×100×10	

　　排水立管要每层设支架固定，支架间距不大于 1.5m，但当层高小于或等于 3m 时，可只设一个立管支架。支架应设在立管接头以及立管与弯头、三通、四通连接接头的下方，且与接头间的净距不大于 300mm。

　　支、吊架在安装前要将锈蚀、污垢清除干净，暗装处的支、吊架刷防锈漆两道；明装处的支、吊架刷防锈漆一道，管道安装完毕后再刷银粉漆两道，油漆要求涂刷均匀，无漏涂，附着良好。

3.4.4　A 型柔性接口铸铁管道连接

　　A 型柔性接口排水铸铁管采用承插式法兰连接，其连接和安装按照下述步骤进行。其连接形式如图 2-9、图 2-10 所示。

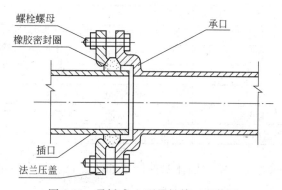

图 2-9　A 型柔性接口铸铁管　　　　　图 2-10　承插式 A 型柔性接口安装图

　　管道连接前对管材和管件的外观和接头配合公差进行检查。管道安装前将直管和管件内、外表面粘结的污垢和杂物，承口、插口、法兰压盖工作面上的泥沙等附着物清除干净。

　　连接前，按插入长度在插口外壁上画出安装线。插入长度比承口实际深度小 5mm，安装线所在平面应与管的轴线垂直。插入前在插口端先套法兰压盖，再套入橡胶密封圈，橡胶密封圈右侧边缘与安装线对齐。

　　插入过程中，插入管子的轴线与承口管子的轴线应在同一直线上，橡胶密封圈应均匀紧贴在承口的倒角上。

　　拧紧螺栓时，三耳压盖的三个角应交替拧紧。四耳和四耳以上压盖应按对角位置交替拧紧。拧紧应分多次交替进行，使橡胶密封圈均匀受力，不得一次拧死。

　　1. A 型柔性接口铸铁管排水干管安装

　　排水干管安装时，将预制好的管段按照水流方向从排出位置向室内顺序排列，根据施工图纸的坐标、标高调整位置和坡度加设临时支撑。排水管的坡度在设计没有要求的部分按表2-12的标准坡度确定，对于受空间限制的地方必须保证下表中的最小坡度。

柔性排水铸铁管的安装坡度   表2-12

公称直径 DN	50	75	100	125	150	200	250	300
标准坡度(‰)	35	25	20	15	10	8	7	6
最小坡度(‰)	25	15	12	10	7	5	4.5	4

排水排出管安装时，先检查基础或外墙预埋防水套管尺寸、标高，将洞口清理干净，然后从墙边使用双45°弯头或弯曲半径不小于4倍管径的90°弯头与室内排水管连接，再与室外排水管连接，伸出室外。

室内排水管道的安装根据土建的施工情况及现场情况在现场具备条件时适时插入施工。管道安装前，要首先复查预留孔洞的位置是否正确，预留孔洞尺寸或预埋穿墙套管的规格按表2-13确定。

排水铸铁管预留洞、预留套管尺寸表（mm）   表2-13

公称直径 DN	预留方洞 B×B	预留圆洞 φ	穿墙钢套管 DN
50	120×120	120	100
75	150×150	150	125
100	180×180	180	150
125	200×200	200	200
150	250×250	250	200
200	300×300	300	250
250	350×350	350	300
300	400×400	400	350

排水管穿过室内墙体时的做法如图2-11、图2-12所示。

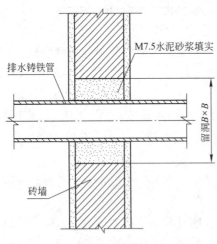 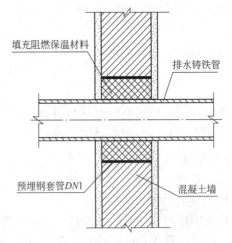

图2-11 排水铸铁管穿室内砖墙   图2-12 排水铸铁管穿室内混凝土墙

穿墙套管的长度不得小于墙体的厚度，铸铁管与套管之间的空隙应采用密封材料填实后封堵，穿内墙的管道和套管之间的空隙采用沥青类玛琋脂、橡胶类腻子等弹性材料填缝和封口，穿越防火墙时采用防火材料填缝和封口。

管道安装过程中，安装间隙或安装完成后的管子敞口处要及时封堵，以防杂物进入管道系统，管道密封前要检查管内有无杂物。对于已安装的管道派专人看管，加强保护，不得攀爬、系安全绳、捆搭脚手架或用作支撑等。管道安装完毕后，要求平直美观，不得有明显的起伏、弯曲等现象。

2. A 型柔性接口铸铁管污水立管安装

(1)安装立管前应先在顶层立管预留洞口吊线，找准立管的中心位置，在每层地面上或墙上安装立管支架。

(2)安装立管应二人上下配合，一人从上层管洞吊线，另一人将预制管道上半部拴牢，将法兰压盖和胶圈按顺序套在插口上，上拉下托将立管插口插入承口。管道插入承口后，下层的人把甩口及立管检查口方向找正，上层的人用木楔将管在楼板洞处临时卡牢、调直，将管道从承口内拔出 5～10mm。复查立管垂直度，将立管固定墙体固定卡上，上好压盖和胶圈，紧固好管道。

(3)立管安装完毕后，拆除楼板临时支架，配合土建用不低于楼板标号的混凝土将洞口分层堵实。

3. A 型柔性接口铸铁管污水支管安装

(1)支管安装应搭脚手架，结合预制管段尺寸，将托、吊架按管道坡度栽好，量准吊杆尺寸，上好吊杆和管道抱箍。将预制管道托到架子上，再将支管插入立管预留口的承口内，留好间隙，找准支管预留口位置，并固定好支管，上紧法兰螺栓。

(2)管道设在吊顶内，末端有清扫口者应将管道和清扫口接至上层地面，以便于清掏，清扫口距离侧墙面应大于 400mm。

(3)支管安装完毕后，可将卫生器具或设备的预留管安装到位，找准尺寸并配合土建堵好楼板洞，将预留管口临时封堵。

3.4.5　W 型柔性接口铸铁管安装

W 型柔性接口铸铁管安装过程和方法与 A 型柔性接口铸铁管相同。在安装过程中，由于管道本身结构上的差异，会使施工过程中的操作不尽相同。现将其不同之处详述如下。

1. 管道支架的架设

由于 W 型柔性排水铸铁管的接口刚度较小，容易造成管道变形，表现为造成立管垂直度和水平管的坡度产生较大的偏差，不利于施工质量的控制和安装的顺利进行。因此，要求施工过程中，先安装管道支架。

(1)立管支架

立管支架距地面为 1500～1800mm，立管支架间距一般不大于 1800mm，同时需要架设落地支架，支架要求平整规矩，牢固可靠。同时，当建筑物层高超过 4.5m 时，要求支架间距不超过 1800mm，且均匀架设。立管底部需用可靠的固定方式固定，可在距离弯头管道接头处，采用型钢固定支架进行加固。

(2)水平干管吊架(卡)

水平干管上，安装吊架的位置距管卡箍应不大于 450mm，且支吊架间距不得超过 3m。

2. W 型柔性接口铸铁排水管道的连接

W 型柔性接口铸铁排水管，采用不锈钢卡箍连接（图 2-13、图 2-14），接口是将直管或配件的端头插入专用的橡胶密封圈内，将橡胶密封圈外用专用的不锈钢卡箍锁紧，以期达到连接和止水的目的。

图 2-13　W 型柔性接口铸铁排水管

图 2-14　W 型柔性接口不锈钢卡箍

接口安装程序如下：

（1）将接口处的管外表面擦洗干净。

（2）将不锈钢卡箍先套在接口一端的管身上。

（3）在管接口外壁涂一些肥皂水作为润滑剂，将橡胶圈的一端套在管接口上（一般是套在已固定好的管子或管件这一端），并应套入至安装（主止水橡胶带处）规定深度，如图 2-15 所示。

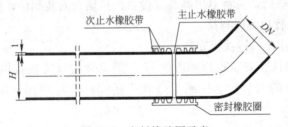

图 2-15　密封橡胶圈示意

（4）将橡胶圈的另一头向外翻转。

（5）将要连接的管件或直管的管口放入翻转的橡胶圈内，校准方位，与另一管端接口挤实，把翻转的橡胶圈口翻回正常状态。

（6）再次校准管道的坡度、垂直度、方位，初步用支（吊）架固定住管道、移动不锈钢卡箍套在橡胶圈外合适的位置，用专用套筒力矩扳手拧紧卡箍的紧固螺栓。对于有四道夹板的大口径管箍，中间的紧固螺栓先拧紧之后，再紧外侧的夹板螺栓，在所有情况下，夹板的紧固需交替进行，以便不锈钢舌板均匀收紧，直至力矩扳手滑扣，接口就算完成，然后将支（吊）架上螺栓拧紧，使管道牢固地定位。

3.4.6　灌水试验通水试验和通球试验

灌水试验通水试验和通球试验验参见本项目训练 2 相应内容。

3.5 质量检验标准

参见本项目训练 2 相关内容。

3.6 记录表格

记录表格可参见附录 1 相关表格。

（1）材料出厂合格证及进场验收记录。

（2）排水横干管预检记录。

（3）排水立管预检记录。

（4）排水支管预检记录。

（5）排水管道灌水记录。

（6）排水管道隐蔽检查记录。

（7）排水系统通水记录。

（8）排水立管、横干管通球记录。

（9）卫生器具通水记录。

3.7 实训考核

现场操作，根据各人参与程度、操作技术水平和小组最终产品质量确定成绩。考核采用综合考评方式，即学生自评，教师评价，见表 2-14、表 2-15 中所示。

学生实训自我评价表（学生用表）　　　　　　　　　　　表 2-14

项目名称＿＿＿＿＿＿＿　　　学生姓名＿＿＿＿＿＿＿　　　组别＿＿＿＿＿＿＿

评价项目	评价标准			
	优 8～10	良 6～8	中 4～6	差 2～4
1. 学习态度是否主动，是否能及时完成教师布置的各项任务				
2. 是否完整地记录探究活动的过程，收集的有关的学习信息和资料是否完善				
3. 能否根据学习资料对项目进行合理分析，对所制定的方案进行可行性分析				
4. 是否能够完全领会教师的授课内容，并迅速地掌握技能				
5. 是否积极参与各种讨论与演讲，并能清晰地表达自己的观点				
6. 能否按照实训方案独立或合作完成实训项目				
7. 对实训过程中出现的问题能否主动思考，并使用现有知识进行解决，并知道自身知识的不足之处				
8. 通过项目训练是否达到所要求的能力目标				
9. 是否确立了安全、环保意识与团队合作精神				
10. 工作过程中是否能保持整洁、有序、规范的工作环境				
总　　评				
改进方法				

实训操作评分表(教师用表) 表 2-15

项目名称＿＿＿＿＿＿ 组别＿＿＿＿＿＿ 得分＿＿＿＿＿＿

项目	评价内容	要求	分值	扣分
实训前(20分)	记录表格	设计合理	5	
	着装	符合要求	5	
	进实训场地	准时	5	
	领用工具、材料	有序	5	
实训中(50分)	实训工作面	整洁有序	5	
	下脚料、垃圾等	按规定处理	5	
	实训操作	态度认真	10	
		操作规范	10	
	原始记录	规范、及时	5	
		真实、无涂改	5	
	问题处理	及时解决	5	
		方法合理	5	
实训后(30分)	领用设备及工具	及时归还	5	
	实训后工作面	清理	5	
	实训报告	完整、及时、规范	20	

训练 4 以小组(4~6人)为单位,铸铁排水管道防腐处理

4.1 实训内容及时间安排

(1) 铸铁排水管道油漆涂料防腐施工实训(4学时)。

(2) 铸铁排水管道沥青涂料防腐层施工实训(4学时)。

共 8 学时

4.2 实训目的

(1) 掌握铸铁排水管道油漆涂料防腐施工工艺。

(2) 熟悉埋地铸铁排水管道沥青涂料防腐施工工艺。

4.3 实训准备工作

4.3.1 原材料要求

(1) 防腐底漆(防锈漆)、面漆、沥青等,涂料应具有产品合格证。

(2) 溶剂和稀释剂:汽油、煤油、松节油、醇酸稀料、松香水、酒精等。

(3) 橡胶粉、高岭土、石棉、滑石粉或石灰石粉、中碱玻璃丝布、聚氯乙烯胶带、塑料布、油毡、牛皮纸等。

4.3.2 主要工机具

(1) 空气压缩机、油水分离器、储砂罐、喷枪、钢丝刷、小油桶、漆膜测厚仪、火花检漏仪等。

(2) 人字梯、高凳、搅拌棒、护具、手套、口罩、眼镜。

(3) 砂布、砂轮片、干净棉布或干净棉纱、抹布等。

(4) 泡沫灭火器、干砂、防火铁锨。

4.4 实训步骤

在管道的防腐方法中，采用最多的是涂料工艺。对于明装的管道，一般采用油漆涂料，对于设置在地下的管道，则多采用沥青涂料。

为了使防腐材料能够较好地起到防腐作用，除了所选涂料要能够耐腐蚀以外，还要求涂料和管道表面能很好地结合。

4.4.1 铸铁排水管道油漆涂料防腐

铸铁排水管道油漆涂料防腐工艺流程为：表面去污除锈处理→调配涂料→刷中间漆→刷或喷涂施工→养护。

1. 表面去污除锈处理

(1) 管道表面锈垢的清除程度，是决定防腐效果的重要因素。一般管道表面总有各种污物，如灰尘、污垢、油渍、锈斑等。为了增加油漆的覆着力和防腐效果，在涂刷底漆前必须将管道或设备表面的污物清除，一是除污，二是除锈。

(2) 表面去污的方法、适用范围、施工要点详见表2-16。

管道表面去污方法 表 2-16

去污方法		适用范围	施工要点
溶剂清洗	煤焦油溶剂(甲苯、二甲苯等)；石油矿物溶剂(溶剂汽油、煤油)；氯代烃类(过氯乙烯、三氯乙烯等)	除油、油脂、可溶污物和可溶涂层	有的油污要反复溶解和稀释，最后要用干净溶剂清洗，避免留下薄膜
碱液	氢氧化钠 30g/L 磷酸三钠 15g/L 水玻璃 5g/L 水适量 (也可购成品)	除掉可皂化的油、油脂和其他污物	清洗后要做充分冲净并做钝化处理(用含有 0.1% 左右重的铬酸、重铬酸钠或重铬酸钾溶液冲洗表面)
乳剂除垢	煤油 67% 松节油 22.5% 月酸 5.4% 三乙醇胺 3.6% 丁基绒纤剂 1.5% (也可购成品)	除油、油脂和其他污物	冲洗后用蒸汽或热水将残留物从金属表面上冲洗净

(3) 除锈方法有人工除锈、机械除锈、喷砂除锈等方法。

1) 人工除锈一般先用手锤敲击或用钢丝刷、砂轮片除去严重的厚锈和焊渣，再用刮刀、钢丝布、粗破布除去严重的氧化皮、铁浮锈及其他污垢。最后用干净的棉布或棉纱擦净。对于管道内表面除锈，可用圆形钢丝刷，两头绑上绳子来回拉擦，直至刮露出金属光泽为合格。

2) 机械除锈，可用电动砂轮、风动刷、电动旋转钢丝刷、电动除锈机等除锈设备进行除锈。

3) 喷砂除锈是利用压缩空气喷嘴喷射石英砂粒，吹打锈蚀表面将氧化皮、铁锈层等剥落。施工现场可用空压机、油水分离器、砂斗及喷枪组成。除锈用的压缩空气中不能含有水分和油、油脂，必须在其出口处安设油水分离器，空压机压力保持在 $0.4\sim0.6$MPa，石英砂的粒径 $1.0\sim1.5$mm，要过筛除去泥土杂质，再经过干燥处理。喷砂要顺气流方向，喷嘴与金属表面呈 $700\sim800$ 夹角，相距 $100\sim150$mm。在金属表面达到均匀的灰白色时，再用压缩空气清扫干净后，进行涂料刷涂。

4）在被涂物实施喷砂除锈前，其加工表面必须平整，表面凹凸不得超过 2mm，焊缝上的焊瘤、焊渣、飞溅物均应彻底打磨清理干净，表面应光滑平整，圆弧过渡。

5）经过喷砂处理后的金属表面应呈现均匀的粗糙度，除钢板原始锈蚀或机械损伤造成的凹坑外，不应产生肉眼明显可见的凹坑和飞刺，表面粗糙度达到 $40\sim75\mu m$。

6）喷砂除锈检验合格后，在涂第一道底漆前应将被涂物表面用棉布擦拭干净。

7）喷砂除锈应在规定的时间内涂刷第一道底漆。

2. 调配涂料

涂料可以分为两大类：油基漆（成膜物质为十性油类）和树脂基漆（成膜物质为合成树脂）。它是通过一定的涂覆方法涂在物体表面，经过固化而形成薄涂层，从而保护管道和金属结构等表面免受化工、大气及酸等介质的腐蚀作用。

按涂料所起的作用，可以分为底漆和面漆两种。先用底漆打底，再用面漆罩面。

防锈漆和底漆都能防锈。它们的区别是：底漆的颜料较多，可以打磨，涂料着重在对物面的附着力；而防锈漆其漆料偏重在满足耐水、耐酸等性能的要求。防锈漆一般分为钢铁表面的防锈漆和有色金属表面的防锈漆两种。底漆在涂层中占有重要的地位，它不但能增强涂料与金属表面的附着力，也起到一定的防腐蚀作用。

管道防腐刷油，一般按设计要求进行。当设计无要求时，应按下列规定进行：

（1）明装管道及容器必须先刷一道防锈漆，待交工前再刷两道面漆。如有保温和防结露要求应刷两道防锈漆。

（2）暗装管道及容器刷两道防锈漆，第二道防锈漆必须待第一道漆干透后再刷，且防锈漆稠度要适宜。

（3）在对埋地管道做防腐层时，其外壁防腐层的做法可按表 2-17 的规定进行。

沥青防腐层结构及等级 表 2-17

防腐层等级	结构	防腐层厚度（mm）	厚度允许偏差（mm）
普通级	沥青底漆—沥青涂层—外包保护层	3	−0.3
加强级	沥青底漆—沥青涂层—加强包扎层—沥青层—外包保护层	6	−0.5
特加强级	沥青底漆—沥青涂层—加强包扎层—沥青层—加强包扎层—沥青涂层—外包保护层	9	−0.5

将选择好的涂料桶开盖，根据涂料的稀稠程度加入适量稀释剂。涂料的调和程度要考虑涂刷方法，调和至适合手工刷涂或喷涂的稠度。喷涂时，稀释剂和涂料的比例可为 $1:1\sim1:2$。搅拌均匀以可刷不流淌、不出刷纹为准，即可准备涂刷。

3. 涂料施工

（1）被涂物外表面涂漆前必须清洁干净无灰尘，并保持干燥，在雨天或潮湿的天气下禁止施工。施工的最佳环境要求：相对湿度低于 85%，底材温度高于露点温度 3℃以上。进行涂料施工时，应先进行试涂。

（2）在底漆涂刷之前，应对结构转角处用与涂料配套的腻子抹平整或圆滑过渡，必要时，应用细砂纸打磨腻子表面，以保证涂层的质量要求。涂料施工时，层间应纵横交错，每层宜往复进行(快干漆除外)，均匀为止。

（3）涂层数应符合设计要求，面层应顺介质流向涂刷。表面应平滑无痕，颜色一致，无针孔、气泡、流坠、粉化和破损等现象。

（4）涂层的间隔时间一般为 24 小时（25℃）。如施工交叉不能及时进行下道涂层施工时，在施工下道涂层前应先用细砂布打毛并除灰后再涂。第一道涂层的表面如有损伤部分时，应先进行局部表面处理或砂纸打磨，再彻底清除灰土，补涂后进行涂漆，对漏涂或未达到涂膜厚度的涂面应加以补涂。涂漆时应特别注意边缘、角落、裂缝和其他形状复杂的部位。

当使用同一涂料进行多层涂刷时，宜采用同一品种不同颜色的涂料调配成颜色不同的涂料，以防止漏涂。

4.4.2　埋地铸铁排水管道沥青涂料防腐工艺流程

1. 沥青防腐层施工工艺流程

沥青底漆的配制→调制沥青玛琋脂→除锈→冷底子油→沥青→包布→沥青→包布→沥青

2. 沥青防腐层施工

沥青防腐结构及等级见表 2-17 所示。

（1）沥青底漆的配制

沥青底漆是由沥青和汽油混合而成，沥青底漆和沥青涂层用同一种沥青标号，一般采用建筑石油沥青。配制底漆时按其配合比配制：

$$沥青：汽油＝1：3(体积比)$$

$$沥青：汽油＝1：2.25～2.5(质量比)$$

制备沥青底漆，先将沥青打成小块，放进干净的沥青锅内用文火逐渐加热并不断搅拌，使之熔化。加热至 170℃左右进行蒸发脱水，不产生气泡为止，将热沥青慢慢倒入制备桶内冷却至 80℃左右，一面搅拌一面将按比例备好的汽油掺进热沥青中，直至完全混合为止。冷底子油应在不小于 60℃时涂刷成膜，膜厚 0.15mm 左右。

（2）沥青涂料的配制

沥青涂料是由建筑石油沥青和填料混合而成，填料可选用高岭土、七级石棉、石灰石粉或滑石粉等材料。沥青标号和填料品种由设计选定。其混合配比为高岭土：沥青＝1：3（重量比），其他品种可掺入 10%～25%左右的填料粉。制备沥青涂料，先将沥青打成小块，放进干净的沥青锅中，一般装至锅容量的 3/4，不得装满。用文火逐渐加热并不断搅拌，使之熔化。加热至 160～180℃左右进行蒸发脱水，温度不能超过 220℃，继续向锅中加沥青，继续搅拌。然后慢慢将粉状的高岭土分小批加入到已完全熔化的沥青中，搅拌完全熔合为止。

（3）管道除锈见上节中基面处理部分。

（4）涂刷沥青底漆，在除完锈、表面干燥、无尘的金属表面上均匀地刷上 1～2 遍沥青底漆，厚度一般为 1～1.5mm，底漆涂刷不可有麻点、漏涂、气泡、凝块、流痕等缺陷。沥青底漆彻底干燥后进行下道工序。

（5）涂刷沥青涂料，将熬好的沥青涂料均匀地在金属表面刷一层，厚度为 1.5～2mm。不得有漏刷凝块和流痕，若连刷多遍时，必须在上一层干燥后且不沾手，方可再涂第二遍。热熔沥青应涂刷均匀，涂刷方向要与管轴线保持 60°方向。

（6）加强包扎层的作法。沥青涂层中间所夹的内包扎层采用玻璃丝布、油毡、麻袋片或矿棉纸等材料；外包扎保护层采用玻璃丝布、塑料布等材料。最好选用宽度为 300～500mm 卷装材料便于施工。操作时，一个人用沥青油壶浇热沥青，另一人缠卷材料，包扎材料绕螺旋状包缠，且与管轴线保持 60°夹角。全部用热沥青涂料粘合紧密，圈与圈之间的接头搭接长度为 30～50mm，并用热沥青粘合。缠扎时间应掌握在面层浇涂沥青后处于刚进入半凝固状态时进行。任何部位不得形成气泡和褶皱。

（7）若有未连接或施工中断处，应做成每层收缩为 80～100mm 的阶梯式接茬。

（8）保护层目前多采用塑料布或玻璃丝布包缠而成，其施工方法和要求与加强包扎层相同，圈与圈之间的搭接长度为 10～20mm，应粘牢。

（9）由于管道安装完毕后管底距地沟底面太近，用手及刷子很难均匀地刷到每个部位，故而采用油毡兜抹法施工。先将油毡按管径裁剪，若管径小于 500mm，油毡宽为250mm；管径大于 500mm，宽为 500mm，长为两倍管径加 1.2～1.5m。用裁剪好的油毡从管底穿过将管兜住，使下部管外壁与油毡紧紧接触。用沥青油壶向管道顶部边移动边浇涂已经熬好的热沥青底漆（冷底子油）、热沥青涂料（沥青玛琋脂）。使之沿着管道周壁向下流淌至管下部外壁与油毡结合处。此时上下抖动油毡，使油毡与管外壁摩擦，中间夹着热沥青，达到涂抹热沥青底漆或沥青涂料的目的。

4.4.3　环氧煤沥青防腐层施工

1. 环氧煤沥青防腐层施工工艺流程

除锈→涂料调制→涂刷底漆→涂刷面漆→缠玻璃丝布→涂刷面漆→缠玻璃丝布→涂刷面漆→电火花检测

2. 环氧煤沥青防腐层施工

环氧煤沥青防腐层的结构及等级见表 2-18 所示，中碱玻璃丝布宽度见表 2-19 所示。

环氧煤沥青防腐层的结构及等级　　　　　　　　　　　　　　表 2-18

防腐层等级	结构	干膜厚度（mm）	总厚度（mm）
普通级	底漆—面漆—面漆	≥0.2	＞0.4
加强级	底漆—面漆—玻璃丝布—面漆—面漆	≥0.4	≥0.6
特加强级	底漆—面漆—玻璃丝布—面漆—玻璃丝布—面漆—面漆	≥0.6	≥0.8

中碱玻璃丝布宽度　　　　　　　　　　　　　　表 2-19

管径（mm）	60～89	114～159	219	273	377	426～529	720
布宽（mm）	120	150	200～250	300	400	500	600～700

(1) 管道除锈见上节中基面处理部分。

(2) 涂料调制按照厂家提供的配合比进行，先将底漆或面漆倒入干净的容器内，再缓慢加入固化剂边加入边搅拌均匀。油漆桶打开后，先将桶内油漆充分搅拌均匀，使其混合均匀无沉淀。配好的调料须熟化30min以后方能使用，在常温下调好的涂料可以使用4～6h左右。

(3) 涂刷过程中，如果黏度太大不宜涂刷时，可加入重量不超过5%的稀释剂。操作时先在除锈后的管道上尽快涂刷底漆，涂刷均匀不可漏刷。底漆干透后，用面漆和滑石粉调成腻子，在底漆上打匀后涂刷面漆，涂刷均匀不可漏涂。常温下底漆和面漆间隔时间不超过24h。

普通级防腐——第一遍面漆干后可涂刷第二遍漆。

加强级防腐——第一遍面漆后缠绕玻璃丝布，包缠时必须将玻璃丝布拉仅不能出现鼓包和褶皱，玻璃布的环向压边宽度为100～150mm，包缠完涂刷第二遍面漆，漆量要饱满达到一定厚度，将玻璃丝布的空隙全填密实。第二遍面漆干后才能涂刷第三遍面漆。

特加强级防腐——操作方法与加强级防腐相同，两层玻璃丝布缠绕的方向必须相反，每一遍面漆都必须在上一遍面漆干了以后才可进行下一遍的涂刷，此时的干是指用手指推捻防腐层时不移动。

4.5　质量检验标准

4.5.1　主控项目

(1) 施工所用的涂料应有出厂合格证及技术说明书，同时应确保所使用的技术说明书是最新版本的。

(2) 表面处理等级必须符合设计要求。

(3) 涂层数和涂层厚度应符合设计要求。

4.5.2　一般项目

1. 表面处理

(1) 手工或动力除锈应除去表面所有松散的氧化皮、铁锈、旧涂膜和其他有害物质，但不得使铸铁排水管道表面受损或变形。

(2) 喷砂除锈处理后的铸铁排水管道表面应呈均匀的粗糙面，除原始锈蚀或机械造成的凹坑外，不应出现肉眼明显可见的凹坑和飞刺。

2. 涂层检查

(1) 涂料施工过程中，应随时检查涂层层数及涂刷质量。

(2) 涂层施工完成后应进行外观检查，涂层应光滑平整，颜色一致，无气泡、剥落、漏刷、反锈、透底和起皱等缺陷。

(3) 用目测或5～10倍的放大镜检查，无微孔者为合格。

(4) 当设计要求测定厚度时，可用磁性测厚仪测定。其厚度偏差不得小于设计规定厚度的5%为合格。

4.6　记录表格

1. 参见本教材附录1相关管道验收表格

2. 防腐施工记录

防 腐 施 工 记 录　　　　　　　　　　　　　　**表 2-20**

工程名称		施工单位	
分包单位		监理(建设)单位	
分项工程名称	排水管道及配件安装	施工日期	

表面除锈质量要求，除锈方法与检查结果：

先用刮刀、锉刀将管道表面的氧化皮、铸砂去掉。然后将管道放在除锈机反复除锈，直至露出金属本色为止。在刷油前，用棉丝再擦一遍，将其表面的浮灰等去掉。除锈质量经监理方检查符合要求，同意进行涂漆工序。

项　　目	层次	使用材料		厚度(mm)	颜色	每层间隔时间	干燥方法	备注
		名称	配比与价格					
立管 PLl	二层	樟丹防锈漆		0.15	红	8h	自然	

说明：

施工单位			监理(建设)单位
专业工长：	专业质量检查员：	项目专业技术(质量)负责人：	监理工程师：
			(建设单位项目专业技术负责人)：
		(公章)	(公章)

4.7　实训考核

现场操作，根据各人参与程度、操作技术水平和小组最终产品质量确定成绩。考核采用综合考评方式，即学生自评，教师评价，见表 2-21、表 2-22 中所示。

学生实训自我评价表(学生用表)　　　　　　　　　**表 2-21**

项目名称＿＿＿＿＿＿＿　　学生姓名＿＿＿＿＿＿＿　　　　组别＿＿＿＿＿＿＿

评价项目	评价标准			
	优 8～10	良 6～8	中 4～6	差 2～4
1. 学习态度是否主动，是否能及时完成教师布置的各项任务				
2. 是否完整地记录探究活动的过程，收集的有关的学习信息和资料是否完善				
3. 能否根据学习资料对项目进行合理分析，对所制定的方案进行可行性分析				
4. 是否能够完全领会教师的授课内容，并迅速地掌握技能				
5. 是否积极参与各种讨论与演讲，并能清晰地表达自己的观点				
6. 能否按照实训方案独立或合作完成实训项目				

续表

评价项目	评价标准			
	优 8~10	良 6~8	中 4~6	差 2~4
7. 对实训过程中出现的问题能否主动思考，并使用现有知识进行解决，并知道自身知识的不足之处				
8. 通过项目训练是否达到所要求的能力目标				
9. 是否确立了安全、环保意识与团队合作精神				
10. 工作过程中是否能保持整洁、有序、规范的工作环境				
总　　评				
改进方法				

实训操作评分表(教师用表)　　表 2-22

项目名称＿＿＿＿＿＿　　　组别＿＿＿＿＿＿　　　得分＿＿＿＿＿＿

项目	评价内容	要求	分值	扣分
实训前(20分)	记录表格	设计合理	5	
	着装	符合要求	5	
	进实训场地	准时	5	
	领用工具、材料	有序	5	
实训中(50分)	实训工作面	整洁有序	5	
	下脚料、垃圾等	按规定处理	5	
	实训操作	态度认真	10	
		操作规范	10	
	原始记录	规范、及时	5	
		真实、无涂改	5	
	问题处理	及时解决	5	
		方法合理	5	
实训后(30分)	领用设备及工具	及时归还	5	
	实训后工作面	清理	5	
	实训报告	完整、及时、规范	20	

项目 3　室外给水管道工程施工实训

训练 1　室外给水管道工程施工图识读

1.1　实训内容及时间安排

室外给水管道施工图的识读。每人 4 学时独立撰写给水工程识读实训报告一份。其中，室外给水管道平面图识读：1.5 课时；室外给水管道断面图识读：1.5 课时；节点图识读：0.5 课时。

1.2　实训目的

室外给水管道施工图的识读是进行室外给水管道安装的基础。应掌握室外给水管道施工图识读方法，能够理解图纸含义，为进行室外给水管道安装奠定基础。

1.3　实训要求

(1) 掌握室外给水施工图的一般知识。

(2) 熟悉室外给水施工图的常用图例符号和文字符号。

(3) 了解室外给水施工图的阅读程序。

1.4　实训步骤

1.4.1　室外给水管道工程施工图内容及绘制规定

1. 室外给水管道工程施工图内容

室外给水管道施工图，通常包括管道平面布置图，管道断面(剖面)图及大样图(节点详图)。

对于小型或较简单的工程项目，主要材料明细表及施工图说明常附在平面图上；对于中大型或较复杂的工程，常需要单独编制整个工程的综合材料表及总说明，作为施工图的一个组成部分放在图纸的前几页。

2. 室外给水管道工程施工图绘制规定

给排水工程施工图的绘制，除符合投影的基本原理和视图、剖面图、断面图的基本画法规定外，还应遵循《给水排水制图标准》GB/T 50106—2010 和《房屋建筑制图统一标准》GB/T 50001—2010 以及国家现行的有关标准、规范的规定。

(1) 图线

图线的宽度为 b，应根据图纸的类别、比例和复杂程度，按《房屋建筑制图统一标准》中所规定的线宽系列 2.0mm、1.4mm、1.0mm、0.7mm、0.5mm、0.35mm 中选用，一般选用 0.7mm 或者 1.0mm；由于在实线和虚线的粗、中、细三档线型的线宽中再增加一档中粗，因而线宽组的线宽比也扩大为粗：中：中粗：细＝1：0.75：0.5：0.25。

给排水专业的施工图常用的各种线形见表 3-1 所示。

给排水施工图常用各种线形　　　　　　　　　　　　　　　表 3-1

名称	线型	线宽	用途
粗实线	▬▬▬▬▬▬▬▬	b	新设计的各种压力流管线
粗虚线	▬ ▬ ▬ ▬ ▬ ▬	b	新设计的各种排水和其他重力流管线的廓线
中粗实线	————————	0.75b	新设计的各种给水和其他压力流管线；原排水和其他重力流管线
中粗虚线	— — — — — —	0.75b	新设计的各种给水和其他压力流管线；原排水和其他重力流管线的不可见轮廓线
中实线	————————	0.50b	给水排水设备、零(附)件的可见轮廓线新建的建筑物和构筑物的可见轮廓线；原有的各种给水和其他压力流管线
中虚线	— — — — — —	0.50b	给水排水设备、零(附)件的可见轮廓线；总图中新建的建筑物和构筑物的不可见轮廓线；原有的各种给水和其他压力流管线的不可见轮廓线
细实线	————————	0.25b	建筑的可见轮廓线；总图中原有的建筑物和构筑物的可见轮廓线；制图中的各种标注线
细虚线	— — — — — —	0.25b	建筑的不可见轮廓线；总图中原有的建筑和构筑物的不可见轮廓线
单点长画线	—— —— ——	0.25b	中心线、定位轴线
折断线	～/～	0.25b	断开界线
波浪线	～～～～	0.25b	平面图中水面线；局部构造层次范围线

（2）比例

给水管道制图常用的比例见表 3-2 所示。

给水管道制图常用比例　　　　　　　　　　　　　　　表 3-2

名称	比例	备注
区域规划图 区域位置图	1∶50000～1∶25000、1∶10000 1∶5000、1∶2000	宜与总专业图一致
总平面图	1∶1000、1∶500、1∶300	宜与总专业图一致
管道纵断面图	纵向：1∶200、1∶100、1∶50 横向：1∶1000、1∶500、1∶300	可根据需要对纵向和横向采不同的组合比例
详图	1∶50　1∶30　1∶20　1∶10　1∶1　2∶1	

（3）标高

标高符号及标注方法应符合《房屋建筑制图统一标准》的规定。采用绝对标高。当无绝对标高时，采用相对标高进行标注，但应与专业总图一致。压力流管道标注管中心标高；重力流管道标注管内底标高。标高单位采用米。

（4）管径

管径应以毫米为单位。管径的表达方法应符合下列规定：

水煤气输送钢管（镀锌或者非镀锌）、铸铁管等管材，管径宜以公称直径表示（如 $DN15$、$DN50$）；

无缝钢管、铜管、不锈钢管等管材，其管径宜以外径×壁厚表示（如 $D159×4.5$ 等）；

钢筋混凝土（或混凝土）管、陶土管、耐酸陶瓷管、缸瓦管等管材，宜以内径 d 表示（如 $d150$，$d380$ 等）；

塑料管材的管径应按产品标准的方法表示；

当设计均为公称直径 DN 表示管径时，应有公称直径 DN 与相应产品的规格对照表。

管径的标注方法如图 3-1 所示。

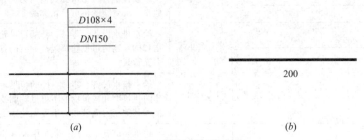

图 3-1   管径的标注方法

（a）多管管径表示法；（b）单管管径表示法

在总平面图中，当给水排水附属构筑物的数量超过 1 个时，宜进行编号，编号顺序宜为：从水源到干管，再从干管到支管，最后到用户。

1.4.2   室外给水管道工程图识读

1. 管道平面图的识读

管道平面图是在管网规划的基础上进行设计的，通常采用 1：500～1：1000 的比例，图的宽度应根据标明管道相对位置的需要而定，一般在 30～100m 范围内。由于平面图是截取地形图的一部分，因此图上的地物、地貌的标注方法与相同比例的地形图一致，并按管道图的有关要求在图上标明下列内容：

（1）现状道路或规划道路中心线及折点的坐标；

（2）管道代号、管道与道路中心线或永久性地物间的相对距离、节点号、间距、管径、管道转角处坐标及管道中心线的方位角、穿越障碍物的坐标等；

（3）与本管道相交或相近平行的其他管道的状况及相对关系；

（4）主要材料明细表及图纸说明。

如图 3-2 所示，为某室外给水管道平面图。

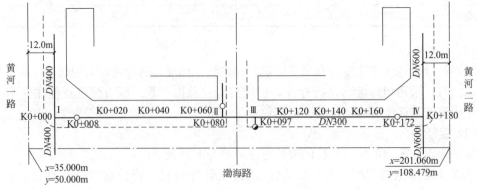

图 3-2   某室外给水管道平面图

2. 纵断面图

管道纵断面图是反映管道埋设情况的主要技术资料之一。一般给水管道均应绘制纵断面图，只有在地势平坦，交叉少且管道较短时，才允许不绘制纵断面图，但需在管线平面图上注出各节点及管线交叉处的管道标高等。如图 3-3 所示，为管道纵断面图。

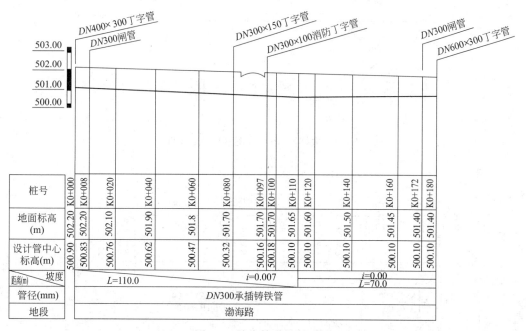

图 3-3　给水管道纵断面图

在纵断面图中，以水平距离为横轴，以高程为纵轴。通常横轴比例采用与平面图相同的比例，纵轴高程比例为横轴的 5～20 倍。图中设计地面标高用细实线，原地面标高用细虚线绘出，并在纵断面图下面的图标栏内，将有关的数据分别逐项填入：第一栏标注里程桩(节点)的位置和编号；第二栏为地面标高；第三栏为设计管中心标高；第四栏为管道坡向、坡度及水平距离；第五栏为管道直径及管材类别；第六栏为地段名称。若管线全线采用统一形式的基础时，可在说明中注明，如采用的管线基础不完全相同时，应将基础的形式及采用的标准图号等分别注明在该地段管道断面图上。

管道在纵断面图中，可按管径大小画成双线或单线，一般均以粗实线绘出。与本管道交叉的地下管线等应按比例给出截面位置，注明管线代号、管径、交叉管管底标高、交叉处本管道标高及距节点或井的距离。

3. 大样图(节点详图)

在管网设计中，若不能用平面图或纵断面图充分标注时，则以大样图的形式加以补充。大样图可分为管件组合的节点大样图、附属设施(各种井类、支墩等)的施工大样图；特殊管段(穿越河流、铁路或公路等)的布置大样图。节点大样图可不按比例绘制，其大小根据节点构造的复杂程度而定，如图 3-4 所示。

1.5　记录表格

如图 3-5、图 3-6、图 3-9 所示，进行室外给水管道施工图识读，将识读结果填于表 3-3。

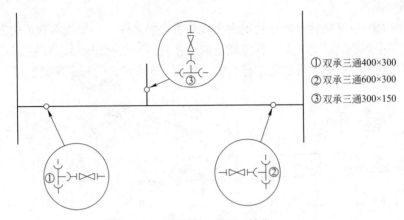

① 双承三通 400×300
② 双承三通 600×300
③ 双承三通 300×150

图 3-4　大样图（节点详图）（单位：mm）

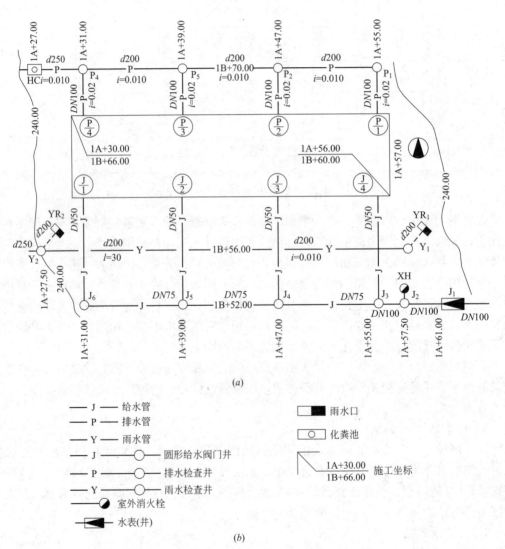

(a)

—— J ——　给水管
—— P ——　排水管
—— Y ——　雨水管
—— J ——○——　圆形给水阀门井
—— P ——○——　排水检查井
—— Y ——○——　雨水检查井
——◑　室外消火栓
——◀　水表(井)

雨水口
化粪池

1A+30.00
1B+66.00　施工坐标

(b)

图 3-5　某室外给水排水管道平面图

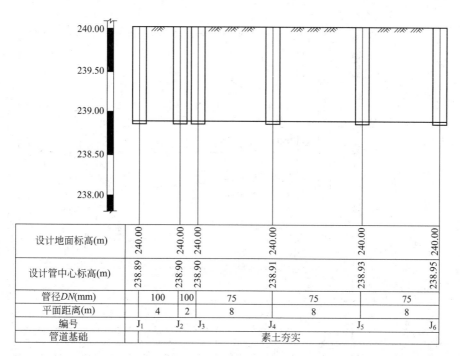

设计地面标高(m)	240.00	240.00	240.00		240.00		240.00		240.00
设计管中心标高(m)	238.89	238.90	238.90		238.91		238.93		238.95
管径DN(mm)		100	100	75		75		75	
平面距离(m)		4	2	8		8		8	
编号	J₁	J₂	J₃		J₄		J₅		J₆
管道基础		素土夯实							

图 3-6 给水管道纵断面图

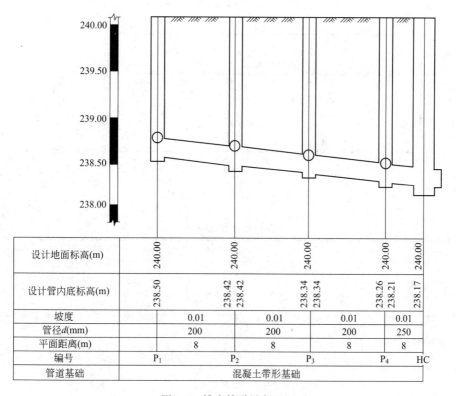

设计地面标高(m)	240.00	240.00	240.00		240.00		240.00
设计管内底标高(m)	238.50	238.42	238.42	238.34	238.34	238.26	238.21	238.17
坡度		0.01	0.01		0.01		0.01
管径d(mm)		200	200		200		250
平面距离(m)		8	8		8		8
编号	P₁	P₂		P₃		P₄	HC
管道基础		混凝土带形基础					

图 3-7 排水管道纵断面图

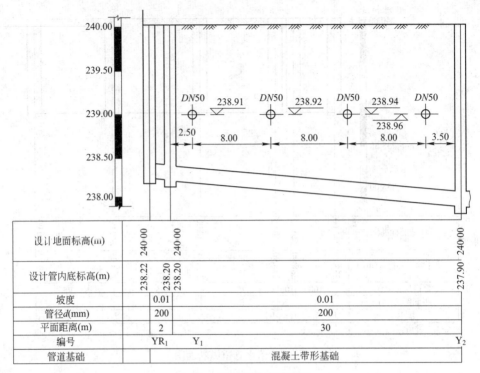

图 3-8　雨水管道纵断面图

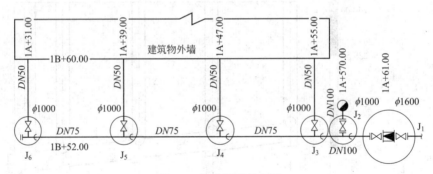

图 3-9　给水管道节点图

室外给水管道识读　　　　　　　　　　　　　　　　　　　　　　表 3-3

指导老师		成绩	
实训任务			
实训目的			
实训报告要求	1. 弄清给水系统形式、管路组成、平面位置、标高、材料、走向、敷设方式等 2. 查明管道、阀门、附件的管径、规格、型号、数量及安装要求 3. 水表型号、规格、安装位置及水表阀门设置情况、消火栓设置等		

续表

指导老师		成绩	
给水系统			
管道阀门等附件安装情况			
水表、消火栓设置情况			
总结			

1.6　实训考核

考评等级分为优、良、中、及格、不及格，由指导教师给出的成绩汇总确定。

训练 2　以小组(4～6 人)为单位，预应力(自应力)钢筋混凝土给水管道施工安装

2.1　实训内容及时间安排

以小组(4～6 人)为单位，进行预应力(自应力)钢筋混凝土管道接口操作。时间 4～8 学时。

2.2　实训目的

掌握钢筋混凝土给水管道接口操作的基本技能，了解和掌握管道材料的基本性能及特点。

2.3　实训准备工作

(1) 工具准备：包括吊运及运输设备、撬棍、捯链、千斤顶、牵引机等。

(2) 材料准备：

1) 管节的规格、性能、外观质量及尺寸公差应符合国家有关标准规定。为了保证接口具有良好的封闭性能，要求承插口尺寸符合设计要求，工作面必须光滑平整，内、外倒坡完整。车削后的承插口工作面不应出现骨料松动的现象。如有局部缺陷，其凹凸度不得超过 5mm，单个缺陷面积不得超过 30mm^2。管件的端口不能有碰伤、缺角的现象，内、外壁平直圆滑，不得有环向或纵向裂纹。

2) 柔性接口形式采用的橡胶圈材质应符合相关规范的规定，外观应光滑平整，不得有裂缝、破损、气孔、重皮等缺陷；每个橡胶圈的接头不得超过 2 个。

3) 刚性接口的钢丝网水泥砂浆抹带接口材料应符合相关规范规定，宜选用粒径 0.5～1.5mm 含泥量不大于 3% 的洁净砂；网格 10mm×10mm、丝径为 20 号的钢丝网。

(3) 技术准备：

1) 图纸已进行设计交底。

2) 施工方案已编制完成，并获得批准。

3) 操作人员获得技术、环保、安全交底。

2.4 实训步骤

室外给水管道安装的工艺流程为：沟槽开挖→排管→管子的现场检验与修补→下管→挖接口工作坑→管道顶装接口→水压试验→土方回填。实训内容不包括沟槽开挖及土方回填。

2.4.1 排管及管子的现场检验与修补

（1）首先沿沟槽方向进行排管并对管节的外观及修补情况进行检查，鉴定合格后方可下管。

（2）若管身存在裂缝等缺陷，应按表 3-4 进行处理。

管身裂缝的修补 表 3-4

裂纹方向	裂纹长度 L	处理方法
环向裂纹	L＜1/5 周长	环氧砂浆
	1/5 周长＜L＜1/3 周长	环氧砂浆贴玻璃钢
	1/3 周长＜L＜2/3 周长	环氧砂浆包玻璃钢
	L＞2/3 周长	不能使用
纵向裂纹	L＜1m 1m＜L＜1.5m 1.5m＜L＜2.5m L＞2.5m	环氧砂浆 环氧砂浆贴玻璃钢 环氧砂浆包玻璃钢 不能使用
环向、纵向 或平行裂 纹的数量	平行裂纹少于 3 条 平行裂纹 4～5 条 平行裂纹超过 6 条	贴玻璃钢 包玻璃钢 不能使用

用环氧砂浆修补裂纹，可先将裂纹预先凿成矩形槽，凿槽宽度视裂纹与管径大小而定，一般为 15～25mm，深度为 15～25mm，凿槽长度须超过裂纹长度 50～100mm，并露出钢筋，然后将槽洗净，抹上环氧底胶与环氧砂浆。

包玻璃钢与贴玻璃钢的方法，是将所包或所贴部位的混凝土凿毛并洗净，玻璃丝层数可视修补面、管径与工作压力大小而定，一般为 4～6 层，其宽度单缝为 300mm 端部应超出 150mm。宜采用无捻脱蜡方格玻璃纤维布包贴，这种玻璃丝布与环氧树脂黏性好，且不会产生气泡。

2.4.2 清理管腔、管口及胶圈

（1）管腔、管口安装前应内外清扫干净，安装时应使管道中心及管内底高程符合设计要求，稳管时必须采取措施防止管道发生滚动。

（2）柔性接口的钢筋混凝土管、预（自）应力混凝土管安装前，承口内工作面、插口外工作面应清洗干净；套在插口上的橡胶圈应平直、无扭曲，应正确就位；橡胶圈表面和承口工作面应涂刷无腐蚀性的润滑剂。

预应力（自应力）钢筋混凝土管柔性接口的构造，如图 3-10 所示。管道安装以后，管道

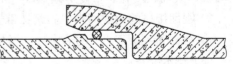

图 3-10 柔性接口构造

的止水是通过承、插口对橡胶圈(以下简称"胶圈")的共同作用来完成的。其工作原理是利用胶圈的高弹性能，将其就位后挤压成椭圆形夹在挡圈外侧承、插口间空隙中，胶圈分别和承插口的内、外壁产生摩擦力(摩擦力大于内水压力)，来达到止水密封的目的。止水效果的好坏，和胶圈质量有着直接关系，所以对胶圈的选择尤为重要。一般从外观上要求胶圈应粗细均匀，质地柔软，无气泡、裂纹、杂质、重皮等现象，并具备以下物理性能：①天然含胶量不小于 65％；②邵氏硬度控制在 45°～55°范围内；③伸长率不小于 150％～200％；④永久变形 25％；⑤拉断率不小于 160kg/m²。根据承、插口间隙，在工程中一般选用直径为 28mm、30mm、32mm 三种规格的胶圈。

(3) 刚性接口抹带前应将管口外壁凿毛、洗净。

2.4.3　管道顶装接口

1. 室外给水管道的安装方法

管道安装就是按照管道实际高程和位置逐节将插口装进承口而形成整体管道，并保证满足使用要求。一般采用顶推与拉入的方法，应根据施工条件、管径和顶推力的大小及机具设备情况确定。

(1) 撬杠顶入法：将撬杠插入已对口待连接管承口端工作坑的土层中，在撬杠与承口端面间垫以木块，扳动撬杠使插口进入已连接管的承口。

(2) 千斤顶拉杆法：先在管沟两侧各挖一竖槽，每槽内埋一根方木作为后背，用钢丝绳、滑轮和符合管节模数的钢拉杆与千斤顶连接。启动千斤顶，将插口顶入承口，每顶进 1 根管子，加一根钢拉杆，一般安装 10 根管子移动一次方木。

(3) 捯链(手动葫芦)拉入法：在已安装稳固的管子上拴住钢丝绳，待拉入管子承口处放好后背横梁，用钢丝绳和捯链绷紧对正，拉动捯链，即将插口拉入承口中，每接一根管子，将钢拉杆加长一节，安装数根管子后，移动一次栓管位置。

(4) 牵引机拉入法：在待连接的承口处，横放 1 根后背方木，将方木、滑轮和钢丝绳连接好，机动牵引机械(卷扬机、绞磨)将对好胶圈的插口拉入承口中。

2. 预应力(自应力)钢筋混凝土管柔性接口

主要包括套橡胶圈、就位压紧、找正固定、管口密封等工序。

(1) 套橡胶圈

把选择好的符合要求的管子通过起重设备，吊到事先浇筑好的混凝土支墩上，让管子的中心线与设计中心线大致重合。按照承、插口的间隙大小选好相应规格的胶圈，并从插口上套入，放在插口工作面的外边缘处。

(2) 就位压紧

利用吊车或塔架等设备将插口吊起，并使管节慢慢移动到承口处，亦可在承口端用撬棍往前拨管，同时观察管道高程和位置是否满足设计要求，然后进行调整工作。若管道低于设计标高，可将管道轻吊起，下面填砂捣实；若高于设计标高，则左右晃动管子，使管子下沉达到设计标高。为了使插口和胶圈能够均匀顺利地进入承口，达到预定位量初步对口后承插口间的间隙和距离务必均匀一致。否则胶圈受压不均，进入速度不一致，将造成胶圈扭曲而大幅度回弹。

1) 预先在横跨于已安好一节管子的管沟两侧安置一截横木作为锚点，横木上装一钢丝绳扣，钢丝绳扣套入一根钢筋拉杆(其长度等于一节管长)，每安装一根管子加接一根拉杆，拉杆间用 S 扣连接，再用一根钢丝绳兜经千斤顶头接到拉杆上。为使两边钢丝绳在顶进过程中拉力保持平衡，中间可连接一个滑轮。

2）将胶圈平直地套在待安管的插口上。

3）用捯链将插口吊起，使管慢慢移至承口处作初步对口。

4）开动千斤顶进行顶装。顶装时，应随时沿管四周观测胶圈与插口进入情况，下部进入较少或较慢时，可采用捯链将插口稍稍吊起；若管右边进入较少或较慢，则可用撬在承口左边将管向右侧稍拨一些。

5）将待安管顶至设计位置后，经找平找正后即可松开千斤顶。一般要求相邻两管高程差不超过±2cm，中心线左右偏差不超过 3cm。

（3）找正固定

当承、插口对接就位把胶圈压紧后，在要安管件承口底部放置一个带有刻度的水准尺，待水准尺水平后使其刻度中点与管轴心线吻合。然后用放置在设计中心线上的经纬仪对中，通过两侧捯链调整找正管件中心线，并同时用水准仪检测管件的标高，让其达到设计标高要求。管件找对标高并找正中心线后，用预制混凝土楔块在支墩处垫塞进行临时固定。放松起重绳索后应复核管件的标高和中心线，然后进行下一步管件的安装。当管道线路安装完毕后，浇筑支墩二期混凝土，使管道最后固定。

（4）管口密封

胶圈老化、破坏是造成管件承、插口止水失效的根本原因。胶圈老化后更新困难，为了防止胶圈暴露在阳光下导致其老化或外界损伤，延长其使用寿命，承、插接头经水压试验合格后，在胶圈外侧承、插口之间空隙处用水泥和石棉按 1:2 比例配合回填密实，密封后注意加强养护，以保证施工质量。

3. 预应力（自应力）钢筋混凝土管刚性接口

主要包括就位压紧、找正固定、管口抹带、水压试验等工序。

（1）钢丝网端头应在浇注混凝土管座时插入混凝土内，在混凝土初凝前，分层抹压钢丝网水泥砂浆抹带。

（2）完成后立即用吸水性强的材料覆盖 3～4h，之后洒水养护。

（3）砂浆填缝及抹带接口作业时落入管道内的接口材料应清除，管径大于或等于 700mm 时，采用水泥砂浆将管道内接口部位磨平、压光；管径小于 700mm 时填缝后要立即拖平。

2.4.4 水压试验

大直径的承插式预应力混凝土压力管道，应及时进行接头水压试验，压力值可取 0.20kPa，恒压 5min，无渗迹者方为合格。管道安装完成后，要进行全线水压试验，检查整条管道是否有漏水点。试验应符合下列规定：

（1）管道分段试验长度不宜超过 1km。

（2）管线的镇支墩均应完成后才能进行水压试验。水压试验时，先将已安装完毕的部分管段的一端封堵，从另一端用高压水泵注水 72h，然后加压。试验恒压时间不小于 10min，若接头及管壁没有破坏或漏水现象即为合格，可交付使用。

2.4.5 管道安装时的注意事项

（1）管子吊起时不宜过高，稍离沟底即可，有利于使插口胶圈准确地对入承口内；

(2) 利用边线法调整管身，使管子中心符合设计要求；

(3) 利用水准仪直接观测管子高程，使管子高程符合设计要求；

(4) 推顶管子时的着力点应在管子的重心点上，约为 1/3 管子高度处；

(5) 柔性橡胶圈接口安装后，如设计无特殊要求，一般不封口，可直接还土。

2.4.6　管道的检修

管子接口渗漏的修补方法见表 3-5 所示。

管子接口渗漏的修补方法　　　　　　　　　　　　　　　　表 3-5

渗漏情况	修理方法
承插口工作面碰伤掉皮或砂眼渗水	先将修补处凿毛、刷净，用皮老虎将水泥灰吹净，抹环氧底胶，而后抹环氧腻子修补，补毕再将表面刮平，用力压实。刮平时，可在刮刀上抹少量机油，也可在修补表面撒些滑石粉，使环氧材料不粘刮刀
接口出现渗水潮片，渗漏轻微	可将接口缝隙用 3∶7 石棉水泥打成刚性接口
接口漏水严重或接口缝太小，若只打石棉水泥刚性接口，难保质量	可在接缝内填塞环氧砂浆
接头漏水非常严重	除了打成石棉水泥刚性接口或用环氧砂浆处理外，接口包玻璃钢

2.5　室外预(自)应力混凝土管给水管质量检验标准

管道施工质量标准应满足《给水排水管道工程施工及验收规范》GB 50268—2008 的相关要求。

1. 主控项目

(1) 管及管件、橡胶圈的产品质量应符合 GB 50268—2008 规范的规定。

检查方法：检查产品质量保证资料；检查成品管进场验收记录。

(2) 柔性接口的橡胶圈位置正确，无扭曲、外露现象；承口、插口无破损、开裂；双道橡胶圈的单口水压试验合格．

检查方法：观察，用探尺检查；检查单口水压试验记录。

(3) 刚性接口的强度符合设计要求，不得有开裂、空鼓、脱落等现象。

检查方法：观察；检查水泥砂浆、混凝土试块的抗压强度试验报告。

2. 一般项目

(1) 柔性接口的安装位置正确，其纵向间隙应符合表 3-6 的相关规定。

检查方法：逐个检查，用钢尺量测；检查施工记录。

钢筋混凝土管管口间的纵向间隙　　　　　　　　　　　　　　　　表 3-6

管材种类	接口类型	管内径 D_1(mm)	纵向间隙(mm)
钢筋混凝土管	平口、企口	500～600	1.0～5.0
		≥700	7.0～15
	承插式乙型口	600～3000	5.0～1.5

(2) 刚性接口的宽度、厚度符合设计要求；其相邻管接口错口允许偏差：D 小于 700mm 时，应在施工中自检；D 大于 700mm，小于或等于 1000mm 时，应不大于 3mm；

D 大于 1000mm 时，应不大于 5mm。

检查方法：两井之间取 3 点，用钢尺、塞尺量测；检查施工记录。

（3）管道沿曲线安装时，接口转角应符合表 3-7 的相关规定；

检查方法：用直尺量测曲线段接口。

预（自）应力混凝土管沿曲线安装接口的允许转角　　　　表 3-7

管材种类	管内径 D1(mm)	允许转角(°)
预应力混凝土管	500～700	1.5
	800～1400	1.0
	1600～3000	0.5
自应力混凝土管	500～800	1.5

（4）管道接口的填缝应符合设计要求，密实、光洁、平整。

检查方法：观察；检查填缝材料质量保证资料、配合比记录。

2.6 记录表格

本项目相关记录表格可参见《给水排水构筑物工程施工及验收规范》GB 50141—2008 或附录一，附表 1-29 或附录二，附表 2-15 等有关表格。

2.7 实训考核

考评等级为优、良、中、及格、不及格。由指导教师给出的成绩汇总确定。见表 3-8、表 3-9 中所示。

学生自我评价表（学生用表）　　　　表 3-8

项目名称：　　　　　　学生姓名：　　　　　　组别：

评价项目	评价标准			
	优 8～10	良 6～8	中 4～6	差 2～4
1. 学习态度是否主动，是否能及时完成教师布置的各项任务				
2. 是否完整地记录探究活动的过程，收集的有关的学习信息和资料是否完善				
3. 能否根据学习资料对项目进行合理分析，对所制定的方案进行可行性分析				
4. 是否能够完全领会教师的授课内容，并迅速地掌握技能				
5. 是否积极参与各种讨论与演讲，并能清晰地表达自己的观点				
6. 能否按照实训方案独立或合作完成实验项目				
7. 对实训过程中出现的问题能否主动思考，并使用现有知识进行解决，并知道自身知识的不足之处				
8. 通过项目训练是否达到所要求的能力目标				
9. 是否确立了安全、环保意识与团队合作精神				
10. 工作过程中是否能保持整洁、有序、规范的工作环境				
总　　评				
改进方法				

实施操作评分表(教师用表)　　　　　　　　表 3-9

项目名称_____　　　　组别_____　　　　得分_____

项目	评价内容	要求	分值	扣分
实训前(20分)	记录表格	设计合理	5	
		及时认真	5	
	着装	符合要求	5	
	进实验室	准时	5	
实训中(50分)	实训工作面面	整洁有序	5	
	废纸、纸屑等	按规定处理	5	
	实训操作	态度认真	10	
		操作规范	10	
	原始记录	规范、及时	5	
		真实、无涂改	5	
	问题处理	及时解决	5	
		方法合理	5	
实训后(30分)	领用设备及工具	及时归还	5	
	实训后工作面	清理	5	
	数据处理	计算公式正确	5	
		计算结果正确	10	
		有效数字正确	5	

训练 3　以小组(4～6人)为单位，高密度聚乙烯(HDPE)给水管道施工安装

3.1　实训内容及时间安排

实训内容：高密度聚乙烯(HDPE)给水管道施工安装。

时间安排：4～6 学时

3.2　实训目的

掌握高密度聚乙烯(HDPE)给水管道施工安装基本技能，掌握管材性能及特点。

3.3　实训准备工作

(1) 材料准备：直径 50mm 高密度聚乙烯(HDPE)给水管道，管材的生产、质量、检验均按《给水用聚乙烯(PE)管材》GB/T13663—2000 国家标准执行。

(2) 工具准备：对焊机(图 3-11)。

(3) 技术准备：编制高密度聚乙烯(HDPE)给水管道施工安装方案。

3.4　实训步骤

高密度聚乙烯(HDPE)给水管道安装基本工序主要包括：①施工前的技术准备；②沟槽开挖；③基础处理；④管道敷设；⑤管道焊接；⑥管道吹扫及试压；⑦土方回填。

图 3-11　HDPE 对焊机

3.4.1　施工前的技术准备

（1）施工前应熟悉、掌握施工图纸；准备好相应的施工机具。

（2）对操作人员进行上岗培训，培训合格后才能进行施工作业。

（3）按照标准对管材、管件进行验收。管道、管件应根据施工要求选用配套的等径、异径和三通等管件。热熔焊接宜采用同种牌号、材质的管件，对性能相似的不同牌号、材质的管件之间的焊接应先做试验。

3.4.2　管沟开挖

（1）管沟开挖应严格按照设计图施工，HDPE 管的柔性好、重量轻，可以在地面上预制较长管线，当地形条件允许时，管线的地面焊接可使管沟的开挖宽度减小。在结实、稳固的沟底，管沟的宽度由施工所需的操作空间决定。宽度的最小值见表 3-10 所示。

管 沟 最 小 宽 度　　　　　　　　　　　　　表 3-10

管道公称直径(mm)	最小管沟宽度(m)
75～400	$D+0.3$
大于 400	$D+0.5$

当在地面连接时，沟宽为 $D+0.3$m；当在沟内安装或开沟回填有困难时，沟宽 $D+0.5$m，且总宽度不小于 0.7m。在沙土或淤泥的管沟中，可以采取放坡开挖。

（2）HDPE 管埋设的最小管顶覆土厚度为：车行道下不小于 0.9m；人行道下不小于 0.75m；绿化带下或居住区不小于 0.6m；永久性冻土或季节性冻土层，管顶埋深应在冰冻线以下。

3.4.3　管沟底面的处理

如果管沟底部相当平直，而且土壤内基本没有大的石块，就无需进行平整。但如果管沟底已经被扰动或在开挖的过程中必须被扰动，那么其密实度至少应该达到其周围填埋材料的密实度，开挖的管沟底部一般要用直径不超过 50mm 的没有尖锐棱角的石子再混合一些砂土和黏土等材料垫平。所有规格的 HDPE 管道一般都可以适应少量局部的管沟底的不平坦，但如果在回填材料中含有带尖棱的石头或坚硬的页岩，那么就可能会在管道表面产生应力集中区以致损伤管道。对于在页岩及松散的岩石土壤中的开挖，为了避免与松散的岩石接触，必须为 HDPE 管道提供一个均一的沟床，一般的做法是开挖管沟底时应比规定的深度挖深 15～20cm，然后用适当的填埋材料回填至规定高度，并夯实到 95％以上。

对于支撑强度较小的湿黏土或砂土等类似的不稳定土壤，管沟开挖的深度要比规定的值深 10～15cm。然后用指定的或原开挖的材料进行回填，这样便可保证为 HDPE 管提供一个均一的支撑。在不稳定的有机土壤中，如果安装地点的地下水位较高以至于淹没了管道，可以在管道上增加额外的重量来抵抗管道受到的浮力，但这个额外的设计重量不应该超过基础层的支撑强度。

3.4.4　管道的敷设

（1）在管道被放入管沟之前，首先应该对管道进行外观检查，在没有发现缺陷的情况下，管道才被允许吊入或滚入管沟内。

（2）管道通常会在地面预先连接好(管径不大于 110mm 的管道应采用电熔焊焊接，110mm 以上的管道可采用电熔焊或热熔焊焊接)。管道被预先连接成大约 150m 长的许多管段，贮存在某一个地方，当需要下放及连接时，再被运到安装地点，然后采用热熔连接或机械连接的方式连接这些管段。

（3）公称直径小于 20mm 的管道可以手工拖入管沟内；对所有的大管道、管件、阀门、消防栓及配件，应该采用适当的工具仔细将它们放到管沟内；对于长距离的管道的吊装，推荐采用尼龙绳索。

3.4.5　管道焊接

（1）焊接准备。

焊接准备主要是检查焊机状况是否满足工作要求，如检查机具各个部位无脱落或松动；检查机电线路连接是否正确、可靠；检查液压箱内液压油的电源与机具输入要求是否相匹配；加热板是否符合要求(涂层是否损伤)；铣刀和油泵开关等的运行情况。

（2）管道焊接控制。

1）用净布清除两对接管口的污物。将管材置于机架卡瓦内，控制两端管的长度应基本相等(在满足铣削和加热要求的前提下应尽可能缩短，若伸出管材机架外的管道部分较长，应用支撑架托起外伸部位，调整管道对接的同轴度，然后用卡瓦紧固好。

2）置入铣刀，开启铣刀电源，然后缓慢合拢两管材对接端，并加以适当的压力，直到两端面均有连续的切屑出现，方可解除压力，稍后即可退出活动架，关掉铣刀电源。切削过程中应通过调节铣刀片的高度控制切屑厚度，切屑厚度一般应控制在 0.5～1.0mm 为宜。

3）取出铣刀，合拢两对接管口，检查管口对齐情况。其错位量控制，应不超过管壁厚度的 10％或 1mm 中的较大值，通过调整管材直线度和松紧卡瓦可在一定程度上改善管口对位偏差；管口合拢后其接触面间应无明显缝隙，缝隙宽度不能超过 0.3mm，($D<225$mm)、0.5mm (225mm$<D\leqslant400$mm)或 1.0mm ($D>400$mm)。如不满足上述要求，应重新进行切削，直到满足要求为止。

（3）确定机架拖拉管道拉力的大小(移动夹具的摩擦阻力)。由于管道在对接过程中，所连接的管道长短不一，因而机架带动管道移动所需克服的阻力不一致，在实际控制中，这个阻力应叠加到工艺参数压力上，得到实际使用压力（在焊接过程中不仅要确定压力，而且要检查加热板温度是否达到设定值）。

（4）在可控压力下，焊接加热板温度达到设定值后，放入机架，施加规定的压力，直到两边最小卷边达到规定宽度时压力减小到规定值（使管口端面与加热板之间刚好保持接触），以便吸热。当满足焊接时间后，推开活动架，迅速取出加热板，然后合拢两管端，切换时间应尽可能短，不能超过规定值。冷却到规定的时间后，卸压，松开卡瓦，取出对接好的管材。该焊接工艺的主要工艺技术参数见表 3-11 所示。

焊接工艺主要技术参数　　　　　　　　　　　　　表 3-11

壁厚(mm)	加热时卷边高度(mm)	吸热时间(s)	允许最大切换时间（s）	增压时间	焊缝在保压状态下的冷却时间（min）
<4.5	0.5	45	5	5	6
4.5～7	1.0	45～70	5～6	5～6	6～10
7～12	1.5	70～120	6～8	6～8	10～16
12～19	2.0	120～190	8～10	8～11	16～24
19～26	2.5	190～260	10～12	11～14	24～32
26～37	3.0	260～370	12～16	14～19	32～45
37～50	3.5	370～500	16～20	19～25	45～60
50～70	4.0	500～700	20～25	25～35	60～80

（5）HDPE 管道与金属管道、水箱或水泵相连时，一般采用法兰连接。对于 HDPE 管材之间，当不便于采用热熔方式连接时，也可采用法兰连接。法兰连接时，螺栓应预先均匀拧紧，待 8h 以后，再重新紧固。

3.4.6　HDPE 管道的压力试验

HDPE 管道系统在投入运行之前应进行压力试验。压力试验包括强度试验和水密性试验两项内容。测试时一般推荐采用水作为试验介质。

1. 强度试验

在排除待测试的管道内的空气之后，以稳定的升压速度将压力提高到要求的压力值，压力表应尽可能放置在该段管道的最低处。

压力测试可以在管线回填之前或之后进行，管道应以一定的间隔覆土，尤其对于蛇行管道，压力试验时，应将管道固定在原位。法兰连接部位应暴露以便于检查是否泄漏。压力试验的测试压力不应超过管材压力等级或系统中最低压力等级的配件的压力等级的 1.5倍，开始时，应将压力上升到规定的测试压力值并停留足够的时间保证管子充分膨胀，这一过程需要 2～3h，当系统稳定后，将压力上升到工作压力的 1.5 倍，稳压 1h，仔细观察压力表，并沿线巡视，如果在测试过程中并无肉眼可见的泄漏或发生明显的压力降，则管道通过压力测试。在压力测试过程中，由于管子的连续膨胀将会导致压力降产生，测试过程中产生一定的压力降是正常的，并不能以此证明管道系统肯定会发生泄漏或破坏。

2. 严密性试验

HDPE 管道采用电热熔方式连接，使得 HDPE 管道具有较传统管材更为优越的严密性能。严密性试验的测试压力不应超过管材压力等级，当管道压力达到试验压力后，应保持一定时间使管道内试验介质温度与管道环境温度达到一致，待温度、压力均稳定后，开始计时，一般情况下，严密性试验应稳压24h，试验结束后，如果没有明显的泄露或压力降，则通过严密性试验。

如果不马上启用此工程，试验完毕后要及时将管道内的水排放。

3.4.7 回填与夯实

(1) 防止槽内积水造成管道漂浮，如有积水，应想办法排尽。

(2) 对石方、土石混合地段的管槽回填时，应先装运黏土或砂土回填至管顶200～300mm，夯实后再回填其他杂土。

(3) 回填必须从管两侧同时回填，回填一层夯实一层。

(4) 管道试压前，一般情况下回填土不宜少于500mm。

(5) 管道试压后得大面积回填，宜在管道内充满水的情况下进行，管道敷设后不宜长时间处于空管状态。

管材安装及回填完毕后，要对管道沿线设置醒目的警告标志，防止后续工程对管线开挖造成破坏。

3.5 质量检验标准

1. 主控项目

熔焊连接应符合下列要求：

(1) 焊缝应完整，无缺损变形情况；焊缝连接应紧密，无气孔、鼓泡和裂缝。

(2) 熔焊焊缝焊接力学性能不低于母材。

(3) 热熔对接连接后应形成凸缘，且凸缘形状大小均匀一致，无气孔、鼓泡和裂缝；接头处有沿管节圆周平滑对称的外翻边，外翻边最低处的深度不低于管节外表面；管壁内翻边应铲平；对接错边量不大于壁厚的10%，且不大于3mm。

检查方法：观察；检查熔焊连接工艺试验报告和焊接作业指导书，检查熔焊连接施工记录、熔焊外观检查记录、焊接力学性能检测报告。

检查数量：外观质量全数检查；熔焊焊缝焊接力学性能试验每200个接头不少于1组；现场进行破坏性检验或翻边切除检验(可任选一种)时，现场破坏性检验每50个接头不少于3个，单位工程中接头数量不足50个时，仅做熔焊焊缝焊接力学性能试验，可不做现场检验。

2. 一般项目

熔焊连接设备的控制参数满足焊接工艺要求；设备与待连接管的接触面无污物，设备及组合件组装正确、牢固、吻合；焊后冷却期间接口未受外力影响；

3.6 记录表格

本项目相关记录表格可参见《给水排水构筑物工程施工及验收规范》或附录1、附录2有关表格。

3.7 实训考核

考核采用综合考评方式，即学生自评，学习小组互评，教师评价，见表3-12、表3-13中所示。

学生自我评价表(学生用表)　　　　　　　　　表 3-12

项目名称：　　　　　　　学生姓名：　　　　　　　组别：

评价项目	评价标准			
	优 8～10	良 6～8	中 4～6	差 2～4
1. 学习态度是否主动，是否能及时完成教师布置的各项任务				
2. 是否完整地记录探究活动的过程，收集的有关的学习信息和资料是否完善				
3. 能否根据学习资料对项目进行合理分析，对所制定的方案进行可行性分析				
4. 是否能够完全领会教师的授课内容，并迅速地掌握技能				
5. 是否积极参与各种讨论与演讲，并能清晰地表达自己的观点				
6. 能否按照实训方案独立或合作完成实验项目				
7. 对实训过程中出现的问题能否主动思考，并使用现有知识进行解决，并知道自身知识的不足之处				
8. 通过项目训练是否达到所要求的能力目标				
9. 是否确立了安全、环保意识与团队合作精神				
10. 工作过程中是否能保持整洁、有序、规范的工作环境				
总　　评				
改进方法				

实施操作评分表(教师用表)　　　　　　　　　表 3-13

项目名称＿＿＿＿＿＿＿　　组别＿＿＿＿＿＿＿　　得分＿＿＿＿＿＿＿

项目	评价内容	要求	分值	扣分
实训前(20 分)	记录表格	设计合理	5	
		及时认真	5	
	着装	符合要求	5	
	进实验室	准时	5	
实训中(50 分)	实训工作面面	整洁有序	5	
	废纸、纸屑等	按规定处理	5	
	实训操作	态度认真	10	
		操作规范	10	
	原始记录	规范、及时	5	
		真实、无涂改	5	
	问题处理	及时解决	5	
		方法合理	5	
实训后(30 分)	领用设备及工具	及时归还	5	
	实训后工作面	清理	5	
	数据处理	计算公式正确	5	
		计算结果正确	10	
		有效数字正确	5	

训练 4 以小组(4～6人)为单位，室外给水管道试验与清洗

4.1 实训内容及时间安排

1. 实训内容：(1)管道水压(气压)试验；(2)管道冲洗与消毒
2. 时间安排：6学时

4.2 实训目的

学生掌握室外给水管道工程施工质量检查的基本方法。

4.3 实训准备工作

(1) 材料准备：试验用给水管段。
(2) 机具设备准备：压力泵、压力表。
(3) 技术准备：编制一份室外给水管道施工质量检查方案。

4.4 实训步骤

4.4.1 给水管道的水压(气压)试验

给水管道铺设完毕后要进行管道系统的试压工作，这是管道工程质量检查与验收的重要环节。给水管道的试压按使用介质分为水压试验和气压试验；按试压目的分为强度试验和严密性试验。管道工作压力大于或等于0.1MPa时，进行压力管道的强度及严密性试验。管道工作压力小于0.1MPa时，进行无压力管道的严密性试验。

1. 一般规定

(1) 水压试验前沟槽应部分回填，管顶以上回填土厚度不应少于0.5m，管口处暂不回填，以便检查和修理。水压试验合格后，应及时回填沟槽的其余部分。

(2) 对粘接连接的化学建材管道，水压试验必须在粘接连接安装24h后进行，浸泡时间不少于24h。

(3) 对于有水泥砂浆衬里的球墨铸铁管和钢管，宜在不大于工作压力的条件下充分浸泡再进行试压，浸泡时间不少于24h。

(4) 水压试验前，对试压管段应采取有效的固定和保护措施，但接头部位必须明露。当承插给水铸铁管管径不大于350mm时，试验压力不大于1.0MPa时，在弯头或三通处可不做支墩。

(5) 水压试验管段长度一般不要超过1000m，非金属管段不宜超过500m，超过长度宜分段试压，并应在管件支墩达到强度后方可进行。

(6) 试压管段不得采用闸阀做堵板，不得与消火栓、水泵接合器等附件相连，已设置这类附件的要设置堵板，各类阀门在试压过程中要全部处于开启状态。

(7) 管道水压试验前后要做好水源引进及排水疏导路线的设计。

(8) 管道灌水应从下游缓慢灌入。灌入时，在试验管段的上游管顶及管段中的凸起点应设排气阀将管道内的气体排除。

(9) 冬季进行水压试验应采取防冻措施。试压完毕后及时放水。

(10) 水压试验的压力表应校正，弹簧压力计的精度不应低于1.5级，最大量程宜为试验压力的1.3～1.5倍，表壳的公称直径不应小于150mm，压力表至少要有两块。

(11) 水压试验时，严禁修补缺陷；遇有缺陷时，应做出标记，卸压后修补。

（12）管道进行气压试验时应在管外10m范围设置防护区，在加压及恒压期间，任何人不得在防护区停留。

2. 管道水压试验

（1）管道试压前，管段两端要封以试压堵板，堵板应有足够的强度，试压过程中与管身接头处不能漏水。

（2）管道试压时，应设试压后背，可用天然土壁作试压后背，也可用已安装好的管道作试压后背，试验压力较大时，会使土后背墙发生弹性压缩变形，从而破坏接口。为了解决这个问题，常用螺旋千斤顶，即对后背施加预压力，使后背产生一定的压缩变形，管道水压试验后背装置如图3-12所示。

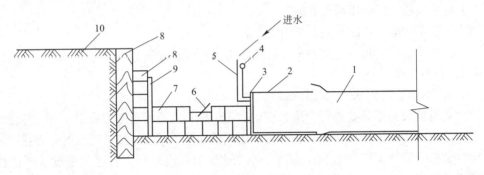

图3-12 给水管道水压试验后背

1—试验管段；2—短管乙；3—法兰盖堵；4—压力表；5—进水管；
6—千斤顶；7—顶铁；8—方木；9—钢板；10—后座墙

（3）管道试压前应排除管内空气，灌水进行浸润，试验管段灌满水后，应在不大于工作压力条件下充分浸泡后进行试压。浸泡时间应符合以下规定：铸铁管、球墨铸铁管、钢管无水泥砂浆衬里不小于24h；有水泥砂浆衬里，不小于48h。水压试验压力的规定见表3-14所示。

承压水管道试验压力的规定（MPa） 表3-14

管材种类	工作压力 P	试验压力 P
钢管	P	$P+0.5$且不小于0.9
球墨铸铁管	$P \leqslant 0.5$	$2P$
	$P > 0.5$	$P+0.5$
预应力钢筋混凝土管 自应力钢筋混凝土管	$P \leqslant 0.6$ $P > 0.6$	$1.5P$ $P+0.3$
化学建材管	P	$1.5P$；不小于$0.8P$
现浇或预制钢筋混凝土管	$P \geqslant 0.1$	$1.5P$

（4）试压试验阶段

1）预试验阶段

将管道内水压分级升压试验压力并稳压30min，每次升压约0.2MPa，期间如有压力下降可注水补压，但不得高于试验压力。检查管道接口、配件等处有无漏水、损坏现象；

有漏水、损坏现象时，应停止试压，查明原因并采取相应措施后重新试压。

2) 主试验阶段

① 强度试验(亦称落压试验、水压试验)。在已充水的管道上用压力泵向管内充水，分级升压至试验压力，每次升压约 0.2MPa。待升至试验压力后停止加压，观察表压下降情况。如 10min 压力降不大于表 3-15 有关数值，且管道及附件无损坏，将试验压力降至工作压力，恒压 2h，进行外观检查，无漏水现象表明试验合格。

压力管道水压试验的允许压力降(MPa)　　　　　　表 3-15

管材种类	工作压力 P	试验压力	允许压力降
钢管	P	P+0.5，且不小于 0.9	0
球墨铸铁管	≤0.5	2P	0.03
	>0.5	P+0,5	
预(自)应力钢筋混凝土管、	≤0.6	1.5P	
预应力钢筒混凝土管	>0.6	P+0.3	
现浇钢筋混凝土管渠	≥0.1	1.5P	
化学建材管	≥0.1	1.5P，且不小于 0.8	0.02

② 严密性试验。将管段压力升至试验压力后，记录表压降低 0.1MPa 所需的 T_1(min)，然后在管内重新加压至试验压力，从放水阀放水，并记录表压下降 0.1MPa 的时间 T_2(min)和此间放出的水量 $W(L)$。按下式计算渗水率：$Q=w/[(T_1-T_2)\times L]$，式中 L 为试验管段长度(km)。若 Q 值小于下表 3-16 允许渗水量规定，即认为合格。

允许渗水量　　　　　　表 3-16

管道内径 D(mm)	允许渗水量 [L/(min·km)]		
	焊接接口钢管	球墨铸铁管、玻璃钢管	预(自)应力混凝土管 预应力钢筋混凝土管
200	0.56	1.40	1.98
300	0.85	1.70	2.42
400	1.00	1.95	2.80
600	1.20	2.40	3.14
800	1.35	2.70	3.96

3. 管道气压试验

气压试验应进行两次，即回填前的预先试验和回填后的最后试验。

(1) 钢管和铸铁管进行气压试验时，应将压力升至强度试验压力，恒压 30min，如管、管件和接口未发生破坏，然后将压力降至 0.05MPa 并恒压 24h，进行外观检查(如气体溢出的声音、尘土飞扬和压力下降等现象)，如无泄漏，则认为预先试验合格。

(2) 在最后气压试验时，升压至强度试验压力，恒压 30min；再降压至 0.05MPa，恒压 24h。如管道未破坏，且实际压力下降不大于表 3-17 的规定，则认为合格。

长度不大于 1km 的钢管道和铸铁管道气压试验时间和允许压力降 表 3-17

管径（mm）	钢管道		铸铁管道		管径（mm）	钢管道		铸铁管道	
	试验时间（h）	试验时间内的允许水压降（kPa）	试验时间（h）	试验时间内的允许水压降（kPa）		试验时间（h）	试验时间内的允许水压降（kPa）	试验时间（h）	试验时间内的允许水压降（kPa）
100	0.5	0.55	0.25	0.65	500	4	0.75	2	0.70
125	0.5	0.45	0.25	0.55	600	4	0.50	2	0.55
150	1	0.75	0.25	0.50	700	6	0.60	3	0.65
200	1	0.55	0.5	0.65	800	6	0.50	3	0.45
250	1	0.45	0.5	0.55	900	6	0.40	4	0.55
300	2	0.75	1	0.70	1000	12	0.70	4	0.50
350	2	0.55	1	0.55	1100	12	0.60		

4.4.2 管道冲洗消毒

给水管道在试验合格验收交接前，应进行一次通水冲洗和消毒，冲洗流量不应小于设计流量或流速不小于 1.5m/s。冲洗应连续进行，当排水的色、透明度与人口处目测一致时，即为合格。生活饮用水管冲洗后用含 20～30mg/L 游离氯的水，灌洗消毒，含氯水留置 24h 以上。消毒后再用饮用水冲洗。冲洗时应注意保护管道系统内仪表，防止堵塞或损坏。

（1）试验合格后，进行冲洗，冲洗合格后，应立即办理验收手续，组织回填。

（2）新建室外给水管道与室内管道连接前，应经室内外全部冲洗合格后方可连接。

（3）冲洗流速：一般不小于 1.0m/s，连续冲洗，否则不易将管道内的杂物冲洗掉。

（4）冲洗时间：对于主要输水管的冲洗，由于冲洗水量过大，管网降压严重，因此管道冲洗应避开用水高峰，安排在管网用水量较小、水压偏高的夜间进行，并在冲洗过程中严格控制水压变化。

（5）管道第一次冲洗应用清洁水冲洗至出水口水样浊度小于 3NTU 为止，冲洗流速应大于 1.0m/s。

（6）管道第二次冲洗应在第一次冲洗后，用有效氯离子含量不低于 20mg/L 的清洁水浸泡 24h 后，再用清洁水进行第二次冲洗，直至水质检测、管理部门取样化验合格为止。新安装的饮用水管道消毒浸泡用水量及漂白粉用量可按表 3-18 选用。

每 100m 管道消毒用水量及漂白粉用量 表 3-18

管径 DN（mm）	15～50	75	100	150	200	250	300	350	400	450	500	600
用水量（m³）	0.8～5	6	8	14	22	32	42	56	75	93	116	168
漂白粉用量（kg）	0.09	0.11	0.14	0.14	0.38	0.55	0.93	0.97	1.3	1.61	2.02	2.9

4.5　记录表格

供水管道水压试验记录　　　　　　　　　　　　　　　　　　　表 3-19

施工单位				试验日期		年　月　日
工程名称						
桩号及地段						
管内径(mm)		管材		接口种类		试验段长度(m)
工作压力(MPa)		试验压力(MPa)		10分钟降压值(MPa)		允许渗水量 L/(min)·(km)

试验方法	注水法	次数	达到试验压力的时间 t_1	恒压结束时间 t_2	恒压时间内注入的水量 $W(L)$	渗水量 q (L/min)
		1				
		2				
		3				
		折合平均渗水量		L/(min·km)		
	放水法	次数	由试验压力降压 0.1MPa的时间 t_1 (min)	由试验压力放水下降0.1MPa的时间 t_2(min)	由试验压力，放水下降0.1MPa的放水量 $W(L)$	渗水量 q (L/min)
		1				
		2				
		3				
		折合平均渗水量		L/(min·km)		

外　观						
评　语	强度试验		严密性试验			
参加单位及人员	建设单位	施工单位	设计单位	监理单位		质检站

4.6　实训考核

考评等级为优、良、中、及格、不及格。由指导教师给出的成绩汇总确定。见表 3-20、表 3-21 中所示。

学生自我评价表(学生用表)　　　　　　　　　表 3-20

项目名称：　　　　　　　　学生姓名：　　　　　　　　组别：

评价项目	评价标准			
	优 8～10	良 6～8	中 4～6	差 2～4
1. 学习态度是否主动，是否能及时完成教师布置的各项任务				
2. 是否完整地记录探究活动的过程，收集的有关的学习信息和资料是否完善				
3. 能否根据学习资料对项目进行合理分析，对所制定的方案进行可行性分析				

续表

评价项目	评价标准			
	优 8~10	良 6~8	中 4~6	差 2~4
4. 是否能够完全领会教师的授课内容，并迅速地掌握技能				
5. 是否积极参与各种讨论与演讲，并能清晰地表达自己的观点				
6. 能否按照实训方案独立或合作完成实验项目				
7. 对实训过程中出现的问题能否主动思考，并使用现有知识进行解决，并知道自身知识的不足之处				
8. 通过项目训练是否达到所要求的能力目标				
9. 是否确立了安全、环保意识与团队合作精神				
10. 工作过程中是否能保持整洁、有序、规范的工作环境				
总 评				
改进方法				

实施操作评分表（教师用表）   表 3-21

项目名称＿＿＿＿＿＿＿   组别＿＿＿＿＿＿＿   得分＿＿＿＿＿＿＿

项目	评价内容	要求	分值	扣分
实训前(20 分)	记录表格	设计合理	5	
		及时认真	5	
	着装	符合要求	5	
	进实验室	准时	5	
实训中(50 分)	实训工作面面	整洁有序	5	
	废纸、纸屑等	按规定处理	5	
	实训操作	态度认真	10	
		操作规范	10	
	原始记录	规范、及时	5	
		真实、无涂改	5	
	问题处理	及时解决	5	
		方法合理	5	
实训后(30 分)	领用设备及工具	及时归还	5	
	实训后工作面	清理	5	
	数据处理	计算公式正确	5	
		计算结果正确	10	
		有效数字正确	5	

项目 4　室外排水管道工程施工实训

训练 1　室外排水管道工程施工图识读

1.1　实训内容及时间安排

室外排水管道施工图的识读。每人 4 学时，独立撰写给水工程识读实训报告一份。其中，室外排水管道平面图识读：1.5 课时；室外排水管道断面图识读：1.5 课时；大样图识读：0.5 课时。

1.2　实训目的

室外排水管道施工图的识读是进行室外排水管道安装的基础。应掌握室外排水管道施工图识读方法，能够理解图纸含义，为进行室外排水管道安装奠定基础。

1.3　实训要求

（1）掌握室外排水施工图的一般知识。

（2）熟悉室外排水施工图的常用图例符号和文字符号。

（3）了解室外排水施工图的阅读程序。

1.4　实训步骤

1.4.1　室外排水管道施工图识读的方法

室外排水管道施工图一般包括平面图、断面图及大样图三种。

1. 室外排水管道平面图识读

室外排水管道平面图表示室外排水管道的平面布置情况。其内容一般包括管道的平面位置、管径、坡度，以及管道敷设一定范围内的地形、地物和地貌情况。识读时应注意以下信息：

（1）图纸比例、说明和图例。

（2）管道施工地带道路的宽度、长度、中心线坐标、折点坐标及路面上的障碍物情况。

（3）管道的管径、长度、坡度、桩号、转弯处坐标、管道中心线的方位角、管道与道路中心线或永久性地物的距离以及管道穿越障碍物的坐标等。

（4）与管道相交、相近或平行的其他管道的位置及相互关系。

（5）与管道交叉的河道的宽度。

（6）附属构筑物的平面位置。

（7）主要材料明细表。

2. 室外排水管道断面图识读

室外排水管道断面图分为纵断面图和横断面图。其中，常用的是室外排水管道纵断面图。室外排水管道断面图是室外排水管道工程图中的重要图样，它主要反映室外排水管道平面图中某条管道在沿线方向的标高变化、地面起伏、管道坡度、管径、管基等情况。下面仅介绍室外排水管道纵断面图的识读。

识读时应注意以下信息：

(1) 图纸横向比例、纵向比例、说明和图例。

(2) 管道沿线的地面标高和设计地面标高。

(3) 管道的管内底标高和埋设深度。

(4) 管道的敷设坡度、水平距离和桩号。

(5) 管径、管材和基础。

(6) 附属构筑的位置、其他管线的位置及交叉处的管内底标高。

(7) 施工地段名称。

3. 大样图识读

大样图主要是指检查井、雨水口、倒虹吸管等构筑物的施工详图，一般由平面图和剖面图组成。识读时应注意以下信息：

(1) 图纸比例、说明和图例。

(2) 构筑物的形状、尺寸。

(3) 构筑物基础的尺寸及材料。

(4) 构筑物的材料、施工方法。

(5) 构筑物与管道连接的方式、构造及施工方法。

1.4.2 室外排水管道施工图的识读

如图 4-1 所示，为某道路污水管道平面图。由图可知，该段污水管道沿东风西路南侧铺设，污水流向由西向东。管道始于垃圾厂西门，节点由 Nw1 开始，至 Nw9。桩号 0＋120～0＋440。Nw1～Nw6 管径为 $DN400$，坡度 $i＝0.72‰$；Nw6～Nw9 管径为 $DN500$，坡度 $i＝0.5‰$。

相应的纵断面如图 4-2 所示。由图可知，竖向比例为 1：100，横向比例为 1：1000。节点 Nw1 地面标高为 21.10m，管底标高为 20.00m，埋深为 1.1m；节点 Nw9 地面标高为 20.85m，管底标高为 19.76m，埋深为 1.09m。Nw1～Nw9 管道长度为 300m。在节点 Nw1 有支管接入，管底标高为 20.00m。

大样图一般为标准图，如图 4-3 所示，为排水管道检查井标准大样图。适用连接管道管径 $DN≤400$，检查井为圆形，井口直径 0.7m，井底基础直径 1.28m，壁厚 0.24m，井深 $≤(D＋1)m$（D 为检查井连接管道的管径）。井壁用砖及水泥砂浆砌筑，用防水水泥砂浆抹面(厚 20mm)。

1.5 记录表格

根据图 4-1～图 4-3 所示，进行室外排水管道施工图识读，将识读结果填于表 4-1所示。

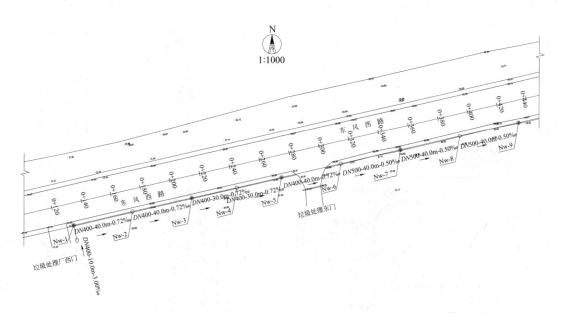

图 4-1　某道路污水管道平面图

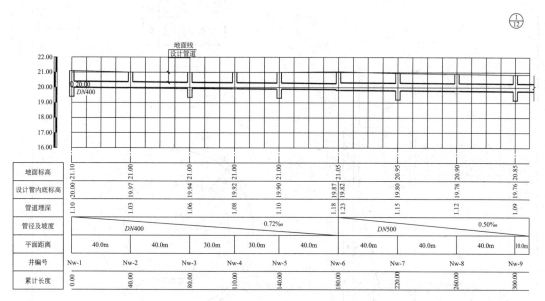

竖 1:100
南侧污水管道纵断面图　横 1:1000
本图尺寸除管径按毫米，其余均按米计

图 4-2　某道路污水管道纵断面图

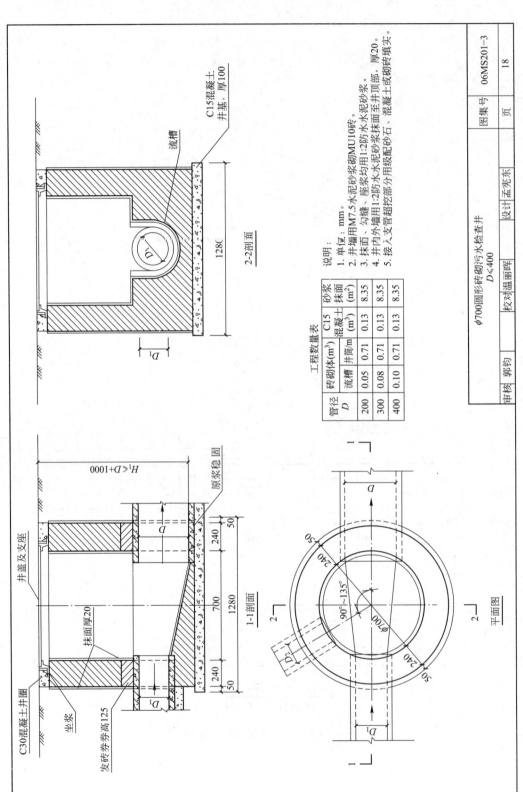

图 4-3　排水管道检查井标准大样图

室外排水管道施工图识读			表 4-1	
指导老师		成绩		
实训任务				
实训目的				
实训报告要求	(1) 弄清室外排水系统形式、管路组成、平面位置、标高、材料、走向、敷设方式等 (2) 弄清室外雨水系统形式、管路组成、平面位置、标高、材料、走向、敷设方式等 (3) 查明管道、检查井、雨水口等的管径、规格、型号、数量及安装要求 (4) 了解化粪池规格、安装位置等			
室外排水管道情况				
室外雨水管道情况				
室外检查井、雨水口、化粪池等情况				
总结				

1.6　实训考核

考评等级分为优、良、中、及格、不及格，由指导教师给出的成绩汇总确定。

训练 2　以小组(4~6人)为单位，室外混凝土管、钢筋混凝土管、铸铁管或塑料管施工安装

2.1　实训内容及时间安排

室外排水管(混凝土管、钢筋混凝土管、铸铁管或塑料管)管道施工安装。实训时间：8课时。

2.2　实训目的

具备室外排水管道施工安装的能力。能够将施工图纸上的设计内容通过实训变为实际工程。

2.3　实训准备工作

(1) 工具：撬棍、夯机、铅垂、铁锹、坡度板等。

（2）材料：混凝土管；钢筋混凝土管；承插铸铁管；塑料管及配套胶粘剂；套环；水泥；砂子；油麻；沥青玛琋脂；棉纱；丙酮；钢丝网；草袋等。

2.4　实训步骤

实训安装工艺流程为：下管前管材检验→排水管沟施工→管道铺设→闭水试验→土方回填。

2.4.1　下管前管材检验

混凝土管、钢筋混凝土管、承插铸铁管、塑料管及配套胶粘剂、套环等材料，规格及质量必须符合现行国家标准及设计要求。管材有破裂、承插口缺肉、缺边等缺陷不允许使用。

2.4.2　排水管沟施工

施工流程为：测量→确定线路→放线定位→管沟开挖→管沟回填→加支撑。

1. 测量

（1）找到当地准确的永久性水准点。将临时水准点设在稳固和僻静之处，尽量选择永久性建筑物，距沟边大于10m，对居住区以外的管道水准点不低于Ⅲ级。

（2）水准点闭合差不大于4mm/km。

（3）沿着管线的方向定出管道中心线、转角及检查井的中心点。

（4）新建排水管及构筑物与地下原有管道或构筑物交叉处，要设置特别标记。

（5）确定堆土、堆料、运料、下管的区间或位置。

（6）核对新排水管道末端接既有管道的底标高，核对设计坡度。

2. 放线

（1）根据导线桩测定管道中心线，在管线的起点、终点和转角处，钉一较长的大木桩作中心控制桩。用两个固定点控制此桩，并将检查井位置标出。

（2）根据设计坡度计算挖槽深度、放出上开口挖槽线。

（3）测定雨水井等附属构筑物的位置。

（4）在中心桩钉个小钉，用钢尺量出间距，在检查井中心牢固埋设水平板，不高出地面，将平板测为水平。板上钉出管道中心标志作挂线用，在每块水平板上注明井号、沟宽、坡度和立板至各控制点的常数。

（5）用水准仪测出水平板顶标高，以便确定坡度。在中心定一T形板，使下缘水平。且和沟底标高为一常数，在另一检查井的水平板同样设置，其常数不变。

（6）挖沟过程中，对控制坡度的水平板要注意保护和复测。

（7）挖至沟底时，在沟底设置临时桩以便控制标高，防止多挖而破坏自然土层。可留出100mm暂不挖。

（8）挖沟深度在2m以内时，采用脚手架进行接力倒土，也可用边坡台阶二次返土。根据沟槽土质及沟深不同，酌情设置支撑加固。

3. 沟槽开挖

（1）沟槽开挖深度，按当地冻结层深度确定。

$D < 300mm$ 时为：$D +$ 管皮 $+$ 冻结深 $+ 0.2m$。

$D > 300mm$ 时为：$D +$ 管皮 $+$ 冻结深。

$D > 600mm$ 时为：$D +$ 管皮 $+$ 冻结深 $- 0.3m$。

沟底宽度见表 4-2 所示。

沟 底 宽 度

表 4-2

管径(mm)	50～75	100～300	350～600	700～1000
沟底宽(m)	0.5	D+0.4	D+0.5	D+0.6

根据放坡系数，计算确定沟槽开挖尺寸，放出上开口挖槽线。

(2) 按设计图纸要求及测量定位的中心线，依据沟槽开挖计算尺寸，撒好灰线。

(3) 按人数划分操作面，按照从浅到深顺序进行开挖。

(4) 一类、二类土可按 30cm 分层逐层开挖，倒退踏步型开挖；三类、四类土先用镐翻松，再按 30cm 左右分层正向开挖。

(5) 每挖一层清底一次，挖深 1m 切坡成型一次，并同时抄平，在边坡上打好水平控制小木桩。

(6) 挖掘管沟和检查井底槽时，沟底留出 15～20cm 暂不开挖。待下道工序进行前找平，然后开挖，如个别地方不慎破坏了天然土层，要先清除松动土壤，用砂等填至标高，夯实。

(7) 岩石类管基填以厚度不小于 100mm 的砂层。

(8) 当遇到有地下水时，排水或人工抽水应保证下道工序进行前将水排除。

(9) 敷设管道前，应按规定进行排尺，并将沟底清理到设计标高。

(10) 采用机械挖沟时，应由专人指挥。为确保机械挖沟时沟底的土层不被扰动和破坏，用机械挖沟且当天不能下管，沟底应留出 0.2m 左右一层不挖，待铺管前人工清挖。

2.4.3 管道铺设

1. 下管

(1) 根据管径大小、现场的施工条件，可以采用管绳法、三脚架、捯链滑车等方法下管。

(2) 下管要从两个检查井的一端开始，若为承插管铺设时当以承口在前。

(3) 稳管前将管口内外清理干净，管径在 600mm 以上的平口或承插管道接口，应留 10mm 缝隙，管径在 600mm 以下者，留出不小于 3mm 的对口缝隙。

(4) 下管后找正拨直，在撬杠下垫以木板，不可直接插在混凝土基础上。待两检查井间全部管子下完，检查坡度无误后即可接口。

(5) 使用套环接口时，稳好一根管子再安装一个套环。铺设小口径承插管时，稳好第一节管后，在承口下垫满灰浆，再将第二节管插入，挤入管内的灰浆应从里口抹平。

2. 管道接口

(1) 承插铸铁管及混凝土管接口

1) 水泥砂浆抹口或沥青封口，在承口的 1/2 深度内，宜用油麻填严塞实，再抹 1:3 水泥砂浆或灌沥青玛瑞脂。

2) 承插铸铁管或陶土管一般采用 1:9 水灰比的水泥打口。先在承口内打好 1/3 的油麻，将和好的水泥自下向上分层打实再抹光，覆盖湿土养护。

(2) 套环接口。

1) 调整好套环间隙。借用小木楔 3～4 块将缝垫匀，让套环与管同心，套环的结合面用水冲洗干净，保持湿润。

2) 按照石棉：水泥＝2：7 的配合比拌好填料，用錾子将灰自下而上边填边塞，分层打紧。管径在 600mm 以上的要做到四填十六打，前三次每填 1/3 打四遍。管径在 500mm 以下采用四填八打，每填一次打两遍。最后找平。

3) 打好的灰口，较套环的边凹 2～3mm，打时，每次灰钎子重叠一半，打实打紧打匀。填灰打口时，下面垫好塑料布，落在塑料布上的石棉灰，1h 内可再用。

4) 管径大于 700mm 的对口缝较大时，在管内用草绳塞严缝隙，外部灰口打完再取出草绳，随即打实内缝。切勿用力过大，免得松动外面接口。管内管外打灰口时间不准超过 1h。

5) 灰口打完用湿草袋盖住，1h 后洒水养护，连续 3 天。

（3）平口管子接口

1) 水泥砂浆抹带接口必须在八字包接头混凝土浇筑完以后进行抹带工序。

2) 抹带前清理干净接口，并保持湿润。在接口部位先抹上一层薄薄的水泥浆，分两层抹压，第一层为全厚的 1/3。将其表面划成线槽，使表面粗糙，待初凝后再抹第二层。然后用弧形抹子赶光压实，覆盖湿草袋，定时浇水养护。

3) 管子直径在 600mm 以上接口时，对口缝留 10mm。管端如不平以最大缝隙为准。注意接口时不可用碎石、砖块塞缝。

4) 如设计无特殊要求时带宽如下：管径小于 450mm，带宽为 100mm，高 60mm；管径大于或等于 450mm，带宽为 150mm，高 80mm。

（4）塑料管粘结连接。

1) 检查管材、管件质量。必须将管端外侧和承口内侧擦拭干净，使被粘结面保持清洁、无尘砂与水迹。表面粘有油污时，必须用棉纱蘸丙酮等清洁剂擦净。

2) 采用承口管时，应对承口与插口的紧密程度进行验证。粘结前必须将两管试插一次，使插入深度及松紧度配合情况符合要求，并在插口端表面划出插入承口深度的标线。管端插入承口深度可按现场实测的承口深度。

3) 涂抹胶粘剂时，应先涂承口内侧，后涂插口外侧，涂抹承口时应顺轴向由里向外涂抹均匀、适量，不得漏涂或涂抹过量。

4) 涂抹胶粘剂后，应立即找正方向对准轴线插入承口，并用力推挤至所画标线。插入后将管旋转 1/4 圈，在不少于 60s 时间内保持施加的外力不变，并保证接口的直度和位置正确。

5) 插接完毕后，应及时将接头外部挤出的胶粘剂擦拭干净。应避免受力或强行加载，其静止固化时间不应少于厂家规定的时间。

6) 粘结接头不得在雨中或水中施工，不宜在 5℃ 以下操作。所使用的胶粘剂必须经过检验，不得使用已出现絮状物的胶粘剂，粘结与被粘结管材的环境温度宜基本相同，不得采用明火或电炉等设施加热胶粘剂。

2.4.4　室外排水管道严密性试验

详见本项目训练 4 相关内容。

2.4.5 回填

(1) 管道安装验收合格后应立即回填。

(2) 回填时沟槽内应无积水，不得带水回填，不得回填淤泥、有机物及冻土。回填土中不得含有石块、砖及其他杂硬物体。

(3) 沟槽回填应从管道、检查井等构筑物两侧同时对称回填，确保管道不产生位移，必要时可采取限位措施。

(4) 管道两侧及管顶以上0.5m部分的回填，应同时从管道两侧填土分层夯实，不得损坏管子和防腐层沟槽，其余部分的回填也应分层夯实。管子接口工作坑的回填必须仔细夯实。

(5) 回填设计填砂时应遵照设计要求。

(6) 管顶0.7m以上部位可采用机械回填，机械不能直接在管道上部行驶。

(7) 管道回填宜在管道充满水的情况下进行，管道敷设后不宜长期处于空管状态。

2.5 室外排水管道质量验收标准

1. 主控项目

(1) 排水管道的坡度必须符合设计要求，严禁无坡或倒坡。

检验方法：用水准仪、拉线和尺量检查。

(2) 管道埋设前必须做灌水试验和通水试验，排水应畅通，无堵塞，管接口无渗漏。排水管道中虽无水压，但不应渗漏，长期渗漏处可导致管基下沉，管道悬空，因此要求在施工过程中，在两检查井间管道安装后，即应做灌水试验。通水试验是检验排水使用功能的手段，随着从上游不断向下游做灌水试验的同时，也检验了通水的能力。

检验方法：按排水检查井分段试验，试验水头应以试验段上游管顶加1m，时间不小于30min，逐段观察。

2. 一般项目

(1) 管道的坐标和标高应符合设计要求，安装的允许偏差应符合表4-3所示的规定。

室外排水管道安装的允许偏差 表4-3

项次	项目		允许偏差(mm)	检验方法
1	坐标	埋地	100	拉线尺量
		敷设在沟槽内	50	
2	标高	埋地	±20	用水平仪、拉线和尺量
		敷设在沟槽内	±20	
3	水平管道纵横向弯曲	每5m长	10	拉线尺量
		全长(两井间)	30	

(2) 排水铸铁管采用水泥捻口时，油麻填塞应密实，接口水泥应密实饱满，其接口面凹入承口边缘且深度不得大于2mm。

检验方法：观察和尺量检查。

(3) 为了提高管材抗腐蚀能力，提高管材使用年限。排水铸铁管外壁在安装前应除锈，涂两遍石油沥青漆。

检验方法：观察和尺量检查。

（4）承插接口排水管道安装时，管道和管件的承口应与水流方向相反。目的是为了减少水流的阻力，提高管网使用寿命。

检验方法：观察检查。

（5）混凝土管或钢筋混凝土管采用抹带接口时，应符合下列规定：

1）抹带前应将管口的外壁清理干净，当管径小于或等于 500mm 时，抹带可一次完成；当管径大于 500mm 时，应分两次抹成，抹带不得有裂纹。

2）钢丝网应在管道就位前放入下方，抹压砂浆时应将钢丝网抹压牢固，钢丝不得外露。

3）抹带厚度不得小于管壁的厚度，宽度宜为 80～100mm。

检验方法：观察和尺量检查。

2.6　记录表格

本项目相关记录表格可参见《给水排水构筑物工程施工及验收规范》GB 50141—2008 或附录 1、附录 2 有关表格。

2.7　实训考核

考核采用综合考评方式，即学生自评，教师评价，见表 4-4、表 4-5 所示。

学生自我评价表（学生用表）　　　　　　　　　　　　　　　表 4-4

项目名称：　　　　　　　　学生姓名：　　　　　　　　组别：

评价项目	评价标准			
	优 8～10	良 6～8	中 4～6	差 2～4
1. 学习态度是否主动，是否能及时完成教师布置的各项任务				
2. 是否完整地记录探究活动的过程，收集的有关学习信息和资料是否完善				
3. 能否根据学习资料对项目进行合理分析，对所制定的方案进行可行性分析				
4. 是否能够完全领会教师的授课内容，并迅速地掌握技能				
5. 是否积极参与各种讨论与演讲，并能清晰地表达自己的观点				
6. 能否按照实训方案独立或合作完成实训项目				
7. 对实训过程中出现的问题能否主动思考，并使用现有知识进行解决，并知道自身知识的不足之处				
8. 通过项目训练是否达到所要求的能力目标				
9. 是否确立了安全、环保意识与团队合作精神				
10. 工作过程中是否能保持整洁、有序、规范的工作环境				
总　　评				
改进方法				

实施操作评分表(教师用表)　　　　　　　　　表 4-5

项目名称＿＿＿＿＿＿＿　　　组别＿＿＿＿＿＿＿　　　得分＿＿＿＿＿＿＿

项目	评价内容	要求	分值	扣分
实训前(20分)	记录表格	设计合理	5	
		及时认真	5	
	着装	符合要求	5	
	进实验室	准时	5	
实训中(50分)	实训工作面	整洁有序	5	
	废纸、纸屑等	按规定处理	5	
	实训操作	态度认真	10	
		操作规范	10	
	原始记录	规范、及时	5	
		真实、无涂改	5	
	问题处理	及时解决	5	
		方法合理	5	
实训后(30分)	领用设备及工具	及时归还	5	
	实训后工作面	清理	5	
	数据处理	计算公式正确	5	
		计算结果正确	10	
		有效数字正确	5	

训练 3　以小组(4～6人)为单位，高密度聚乙烯(HDPE)双壁波纹排水管道施工安装

3.1　实训内容及时间安排

高密度聚乙烯(HDPE)双壁波纹排水管道施工安装。实训时间：8课时。

3.2　实训目的

具备室外排水管道安装的能力。能够将施工图纸上的设计内容通过实训变为实际工程。

3.3　实训准备工作

(1) 工具：龙门架、吊运设备、夯机、坡度板、铅垂、撬棍等。

(2) 材料：高密度聚乙烯(HDPE)双壁波纹排水管；橡胶圈；润滑剂等。

3.4　实训步骤

室外高密度聚乙烯(HDPE)双壁波纹排水管道安装步骤，如图 4-4 所示。

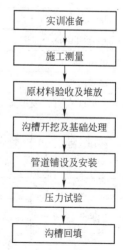

图 4-4　HDPE 双壁波纹排水管道施工安装步骤

3.4.1 实训准备

仔细审阅图纸(图 4-1、图 4-2),熟悉有关施工标准、验收规范,按照质监部门及安全部门,档案部门的要求,进行技术管理资料、安全管理资料,质量保证资料及验收评定资料三类资料编制或购买各种专用表格,施工前各种表格应备齐(可详见附录 2 有关内容)。测量仪器必须有鉴定证书或检测合格后方可使用。

3.4.2 施工测量

根据提供材料及现场提供位置情况对控制点及基坑中线进行复测,闭合差符合设计要求后,进行导线点、水准点的加密,每 60m 范围内有一个水准点,加密点必须进行闭合平差。水准点的闭合差为 $20\sqrt{L}$,确保加密点的准确。对管沟中心线及管道标高控制线进行测量放样,作为施工放样的依据。

在不受施工干扰、施测方便、易于保护的地方测设施工控制桩。测设中线方向控制桩,采用延长线或导线法;测设附属构筑物位置控制桩,采用交会法或平行线法。

3.4.3 原材料验收及堆放

1. 材料验收

每批次进场材料要附带合格证及质量检验证明书,按照相关频率进行见证抽样,并送至指定试验室检验。

(1)HDPE 双壁波纹管验收

管道进场检验:管节安装前应进行外观检查,检查管体外观及管体的承口、插口尺寸,承口、插口工作面的平整度。用专用量径尺量并记录每根管的承口内径、插口外径及其椭圆度,承插口配合的环向间隙,应能满足选配的胶圈要求。见证取样,送试验室检验并出具合格检验报告。HDPE 双壁波纹管性能见表 4-6 所示。

HDPE 双壁波纹管物理性能   表 4-6

项目	要求			
环刚度(kN/m²)	SN2	SN4	SN8	SN16
	≥2	≥4	≥8	≥16
环柔度	试样圆滑,无反向弯曲,无破裂,两壁无脱开			
冲击性能(TIR)%	≤10			
烘箱试验	无气泡,无分层,无开裂			
蠕变比率	≤4			
项目	性能指标	单位	技术要求	
物理性能	密度	g/cm	0.941~0.965	
	折光系数	ND	1.54	
	吸水率	%	<0.01	
力学性能	抗拉强度	MPa	20~30	
	断裂伸长率	%	≥350	
	抗压强度	MPa	18~25	
	弯曲强度	MPa	25~40	
	弹性模量	MPa	≥800	

续表

项目	性能指标	单位	技术要求
热性能	热膨胀系数	5～10℃	11～16
	熔点	℃	131
	软化温度	℃	126
	脆化温度	℃	-70
	连续使用温度	℃	≤60

（2）接口胶圈

承插式 HDPE 双壁波纹排水管道接口所采用的密封胶圈，应采用耐腐蚀的专用橡胶材料制成。密封胶圈使用前必须逐个检查，不得有割裂、破损、气泡、飞边等缺陷。其硬度、压缩率、抗拉力、几何尺寸等均应符合有关规范及设计规定。密封胶圈应有出厂检验质量合格的检验报告，制造及出厂日期、自检记录，厂质检部门签章。

承插式和套筒式接口密封橡胶圈采用耐油的合成橡胶制成，由管道生产厂按规格配套供应。其性能应达到下列要求：

1）邵氏硬度：50±5；

2）伸长率：≥50%；

3）拉断强度：≥16MPa；

4）永久变形：<20%；

5）老化系数：≥0.8(70℃，144h)。

2. 材料吊装与存储

（1）吊装

吊装采用尼龙吊装带，禁止扔、拉管道。卸装管道时，管道放在方木上，方木应距管端 600mm，如图 4-5 所示。如果管太低则应在管道的中间增加 2～3 排方木防止管道弯曲。吊装过程中要轻拿轻放，防止损伤管壁。

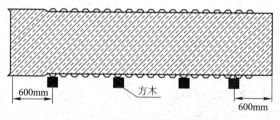

600mm　　方木　　600mm

图 4-5 HDPE 管堆放示意图

管材堆放地应平整，堆放高度不得超过 2m，直管部分应有木垫块，垫块宽度应不小于 200mm，间距不大于 1500mm。堆放时管材承口与插口应间隔整齐排列，并捆扎稳妥。

（2）存储

HDPE 排水管道放在室外时要覆盖塑料薄膜避免阳光直射，其他配套部件要存放于室内。管道存放区域要远离施工活动区域。橡胶圈应存储在通风良好的库房内，堆放整齐不得受到扭曲损伤。

3.4.4 沟槽开挖及基础处理

1. 沟槽开挖

采用挖掘机进行开挖，如图 4-1、图 4-2 所示，以开挖 Nw1～Nw2 沟槽为例，该段地面高程 21.00～21.10m，沟槽开挖控制挖深 0.9～0.83m（机械开挖留 20cm 的余量），由人工清槽至设计槽底高程位置（20.00～19.97m），并将里程桩引至槽底。沟槽槽底净宽度，管道每边净宽不宜小于 300mm。

如遇超挖或发生扰动，可换填 10～15mm 天然级配砂石料或最大粒径小于 40mm 的碎石，并整平夯实，其密度应达到基础层密实度要求，严禁用杂土回填。槽底如有坚硬物体必须清理干净。

严格控制沟槽开挖放坡系数，按设计的放坡系数挖够宽度，开挖时应注意沟槽土质情况，以防槽边塌方。

当沟槽开挖遇有地下水时，设置排水沟、集水坑，及时做好沟槽内地下水的排水降水工作，并采取先铺卵石或碎石层（厚度不小于 100mm）的地基加固措施；当无地下水时，基础下素土夯实，压实系数大于 0.95；当遇有淤泥、杂填土等软弱地基时，按管道处理要求采用级配砂石进行换填处理，换填厚度为 30cm。

在沟槽开挖百米左右，土方外运人工清槽后，方可在沟槽内进行下道工序的施工。

2. 管道基础

如图 4-6 所示，工程中 HDPE 管道基础采用 20cm 砂砾垫层基础或土弧基础，砂基础施工时，槽底不得有积水、软泥；砂基厚度不得小于设计规定。

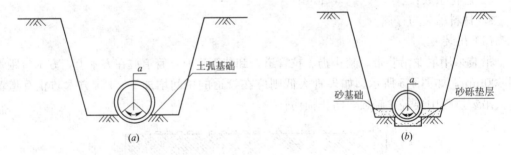

图 4-6 HDPE 管道基础
(a)土弧基础；(b)砂砾垫层基础

对于一般土质，应在管底以下原状土地基或经回填夯实的地基上铺设一层厚度为 100mm 的中粗砂基础层；当地基土质较差时，可采用铺垫厚度不小于 200mm 的砂砾基础层，也可分二层铺设，下层用粒径为 5～32mm 的碎石，厚度 100～150mm，上层中粗砂，厚度不小于 50mm。对软土地基，当地基承载力小于设计要求或由于施工降水等原因，地基原状土被扰动面影响地基承载能力时，必须先对地基进行加固处理，在达到规定的地基承载能力后，再铺设中粗砂基础层。

管道基础中在承插式接口、套筒连接等部位的凹槽，宜在铺设管道时随铺随挖（图 4-7）。凹槽的长度、宽度和深度可按管道接头尺寸确定。在接头完成后，应立即用中粗砂回填密实。

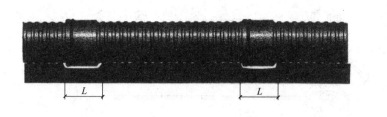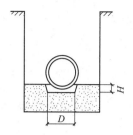

图 4-7　管道基础凹槽的布置

3.4.5　管道铺设与安装

1. 排管与下管

承插口管安装应将插口顺水流方向，承口逆水流方向，由低向高点依次安装。承口不得留在井壁内。

管道安装由机械配合人工下管，设专人指挥吊车逐节吊装，不得与沟壁、沟底激烈碰撞。吊装时应有两个支承吊点，严禁穿心吊。吊装管道中心线的控制采用边线法。吊车距沟边至少 2m，避免起吊受力时造成沟边坍塌，如图 4-8 所示。

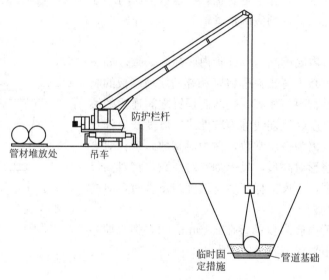

图 4-8　机械下管法

槽深度不大时可用人工下管法下管。采用撬棍压绳下管法时，在距沟槽上口边缘一定距离处，将两根撬棍分别打入地下一定深度，然后用两根大绳分别套在管道两端，下管时将大绳的一端缠绕在撬棍上并用脚踩牢，另一端用手拉住，控制下管速度，两大绳用力一致，听从一人号令，徐徐放松大绳，直至将管道放至沟槽底部为止，如图 4-9 所示。

2. 稳管

稳管不得扰动管道基础，管道安装从下游至上游进行。管道就位后，在管两侧适当加两组四个楔形木垫块用以固定。

稳管包括对中和对高程两个环节。

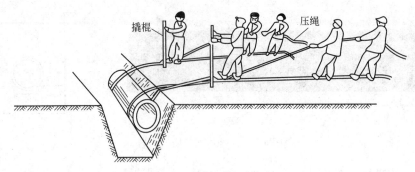

图 4-9　撬棍压绳下管法

（1）对中

对中作业是使管道中心线与沟槽中心线在同一平面上重合。当沟槽挖到一定深度后，沿着挖好的沟槽埋设坡度板，根据开挖沟槽前测定管道中心线时所预设的中线桩定出沟槽中心线，并在每块坡度板上钉上中心钉，使各中心钉的连线与沟槽中心线在同一铅垂面上。对中时，将有二等分刻度的水平尺置于管口内，使水平尺的水泡居中。同时，在两中心钉的连线上悬挂垂球，如果垂线正好通过水平尺的二等分点，表明管子中心线与沟槽中心线重合，对中完成。否则应调整管道。

（2）对高程

对高程是使管内底标高与设计管内底标高一致。如图 4-10 所示，在坡度板上标出高程钉，相邻两块坡度板的高程钉到管内底的垂直距离相等，则两高程钉之间连线的坡度就等于管内底坡度。该连线称为坡度线。坡度线上任意一点到管内底的距离为一个常数，称为对高数。进行对高作业时，使用丁字形对高尺，尺上刻有对高数，将对高尺垂直置于管端内底，当尺上标记线与坡度线重合时，对高即完成，否则需调整。

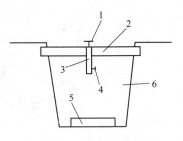

图 4-10　对高程作业
1—中心钉；2—坡度板；3—高程板；
4—高程钉；5—管道基础；6—沟槽

稳管要求：管内底高程偏差在 ±10mm 内，中心偏差不超过 10mm，相邻管内底错口不大于 3mm。

（3）管道接口

1）清理管腔、管口：将承插口内的所有杂物予以清除，并擦洗干净，然后在承口内均匀涂抹非油质润滑剂。

2）清理胶圈：将胶圈上的粘结物清擦干净，并均匀涂抹非油质润滑剂。承插式密封圈的连接宜在环境温度较高时进行，插口端不得插到承口底部，应留出不小于 10mm 的伸缩空隙。在插入前，应在插口端处做出插入深度标记。

3）插口上套胶圈：密封胶圈应平顺、无扭曲。安管时，胶圈应均匀滚动到位，放松外力后，回弹不得大于 10mm，把胶圈弯成心形或花形（大口径）装入承口槽内，并用手沿整个胶圈按压一遍，确保胶圈各个部分不翘不扭，均匀一致卡在槽内。橡胶圈就位后应位于承插口工作面上，胶圈放置在管道插口段第一个波纹凹槽内，如图 4-11 所示。

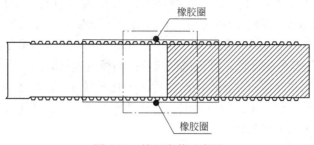

图 4-11　接口安装示意图

4）顶装接口

a. 顶装接口时，采用龙门架，对口时应在已安装稳固的管子上拴住吊装带(图 4-12)，在待拉入管子承口处架上后背横梁，用吊装带和捯链连好绷紧对正，两侧同步拉捯链，将已套好胶圈的插口经撞口后拉入承口中。注意随时校正胶圈位置和状况。

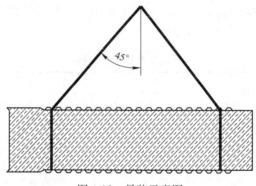

图 4-12　吊装示意图

b. 安装时，顶、拉速度应缓慢，并应有专人检查胶圈滚入情况，如发现滚入不均匀，应停止顶、拉，用凿子调整胶圈位置，均匀后再继续顶、拉，使胶圈达到承插口的预定位置。插入完毕后，插入长度和承插口圆周间空缝应均匀，并保持连接管道轴线平直。

5）检查中线、高程：每一管节安装完成后，应校对管体的轴线位置与高程，符合设计要求后，即可进行管体轴向锁定和两侧固定。

6）用探尺检查胶圈位置：检查插口推入承口的位置是否符合要求，用探尺伸入承插口间隙中检查胶圈位置是否正确。

7）锁管：铺管后为防止前几节管子的管口移动，可用尼龙绳和捯链锁在后面的管子上。

雨季应采取措施防止管材上浮。可先回填土到管顶以上大于一倍管径的高度。当管道安装完毕尚未还土时，一旦遭水泡应进行管中心线和管底高程复测和外观检查，如发生位移、漂移、拔口现象，应返工处理。冬季施工应采取防冻措施。

3.4.6　沟槽回填

1. 回填步骤

管道敷设后应立即进行沟槽回填。除接头部分可外露外，管道两侧和管顶以上的回填高度不宜小于 0.5m；密闭性检验合格后，应及时回填其他部位。

沟槽回填从管道、检查井等构筑物两侧同时分层对称进行，每层回填高度不大于0.2m，并确保管道和构筑物不产生位移。必要时应采取临时限位措施，防止上浮。管底基础部位开始到管顶以上 0.7m 范围内，必须用人工回填，严禁用机械推土机回填。

管顶 0.7m 以上部位的回填，可用机械从管道轴线两侧同时回填，夯实或碾压。

井室周围回填压实时应沿井室中心对称进行，且不漏夯，回填压实后与井壁紧贴。

回填前排出沟槽积水。不得回填淤泥、有机质土及冻土。回填土中不应含有石块、砖及其他杂硬带有棱角的大块物体。

2. 回填材料及回填要求

从管底到管顶以上 0.5m 范围内的沟槽回填材料，可用碎石屑、粒径小于 40mm 的砂砾、中粗黄砂、粉煤或开挖出来的易于夯实的良质土。

管道位于车行道下，铺设后即修筑路面或管道位于软土地层以及低洼、沼泽、地下水位高的地区时，沟槽回填应先用中粗砂将管底腋角部位填实后，再用中精砂或石屑分层回填至管顶以上 0.4m，再往上可回填良质土。

回填土的压实密度详见表 4-7 所示。管顶 0.4m 以上若修建道路则按道路规范要求执行。

沟槽回填土的密实度要求

表 4-7

槽内部位		最佳密实度（%）	回填土质
超挖部位		95	砂石料或最大粒径小于 40mm 级碎石
管道基础	管低基础层	85~90	中砂、粗砂、软土地基按规程规定执行
	土弧基础中心角	95	中砂、粗砂
管道两侧		95	中砂、粗砂、碎石屑、最大粒径小于 40mm 级配砂砾或符合要求的原土
管顶以上 0.5m 范围	管道两侧	90	
	管道上部	85	
管顶 0.5m 以上		按地面或道路要求，但不小于 80	原土

3.5 质量检验标准

3.5.1 双壁波纹管密闭性检验

1. 试验条件

管道敷设完毕且检验合格后；接口外露未回填；沟槽内无积水；全部预留孔（除预留进出水口）已封堵坚固；管道两端堵板坚固。

管道密闭性检验应按井距分隔，长度不宜大于 1km，带井试验。

2. 试验方法

管道密闭性检验应按闭水试验法进行。

（1）在试验管段充水，并在试验水头作用下进行泡管，灌满水后浸泡时间不应小于 24h。

（2）试验水头：

1）当试验段上游设计水头不超过管顶内壁时，试验水头应以试验段上游管顶内壁加 2m 计。

2)当试验段上游设计水头超过管顶内壁时，试验水头应以试验段上游设计水头加2m计。

3)当计算出的试验水头小于10m，但已超过上游检查井井口时，试验水头应以上游检查井井口高度为准。

(3)当试验水头达规定水头时开始计时，观测管道的渗水量，直至观测结束时，应不断地向试验管段内补水，保持试验水头恒定。渗水量的观测时间不得小于30min。

管道密闭性检验时，管道漏水量应按以下公式计算：

$$q = \frac{1440 \cdot W}{T \cdot L}$$

式中　　q——实测渗水量 $[m^3/(h \cdot km)]$；

　　　　W——补水量(L)；

　　　　T——实测渗水量观测时间(min)；

　　　　L——试验管段的长度(m)。

计算结果满足表4-8所示的规定即为合格。

HDPE管道严密性试验允许渗水量 $[m^3/(24h \cdot km)]$　　　　表4-8

管道内径(mm)	允许渗水量	管道内径(mm)	允许渗水量
200	17.60	700	33.00
300	21.62	800	35.35
400	25.00	900	37.50
500	27.95	1000	39.52
600	30.60		

3.5.2　管道变形检验

当回填土至设计高程后，在12～24h内应测量管道竖向直径的初始变形量，并计算管道竖向直径初始变形率，其值不得超过管道直径允许变形率的2/3。

管道的变形量可采用圆形心舟或闭路电视等方法进行检测，测量偏差不得大于1mm。当管道竖向直径初始变形率大于管道直径允许变形率的2/3，且管道本身尚未损坏时，可按下列程序进行纠正，直到符合要求为止。

检验方法：

(1)挖出沟槽回填土至露出85%管道高度处，管顶以上0.5m范围内必须采用人工挖掘；

(2)检查管道，当有损伤时，可进行修补或更换；

(3)采用能达到密度要求的回填材料，按要求的密度重新回填密实；

(4)复测竖向管道直径的初始变形率。

3.5.3　质量验收标准

要求与本项目训练2相同。

3.6　记录表格

本项目相关记录表格可参见《给水排水构筑物工程施工及验收规范》GB50141—2008或附表1、附表2有关表格。

3.7　实训考核

考核采用综合考评方式，即学生自评，教师评价，见表 4-9、表 4-10 中所示。

学生自我评价表（学生用表）　　　　　　　　　　　　**表 4-9**

项目名称：　　　　　　　　学生姓名：　　　　　　　　组别：

评价项目	评价标准			
	优 8～10	良 6～8	中 4～6	差 2～4
1. 学习态度是否主动，是否能及时完成教师布置的各项任务				
2. 是否完整地记录探究活动的过程，收集的有关学习信息和资料是否完善				
3. 能否根据学习资料对项目进行合理分析，对所制定的方案进行可行性分析				
4. 是否能够完全领会教师的授课内容，并迅速地掌握技能				
5. 是否积极参与各种讨论与演讲，并能清晰地表达自己的观点				
6. 能否按照实训方案独立或合作完成实训项目				
7. 对实训过程中出现的问题能否主动思考，并使用现有知识进行解决，并知道自身知识的不足之处				
8. 通过项目训练是否达到所要求的能力目标				
9. 是否确立了安全、环保意识与团队合作精神				
10. 工作过程中是否能保持整洁、有序、规范的工作环境				
总　　评				
改进方法				

实施操作评分表（教师用表）　　　　　　　　　　　　**表 4-10**

项目名称＿＿＿＿＿＿　　　　组别＿＿＿＿＿＿　　　　得分＿＿＿＿＿＿

项目	评价内容	要求	分值	扣分
实训前（20分）	记录表格	设计合理	5	
		及时认真	5	
	着装	符合要求	5	
	进实验室	准时	5	
实训中（50分）	实训工作面	整洁有序	5	
	废纸、纸屑等	按规定处理	5	
	实训操作	态度认真	10	
		操作规范	10	
	原始记录	规范、及时	5	
		真实、无涂改	5	
	问题处理	及时解决	5	
		方法合理	5	

续表

项目	评价内容	要求	分值	扣分
实训后(30分)	领用设备及工具	及时归还	5	
	实训后工作面	清理	5	
	数据处理	计算公式正确	5	
		计算结果正确	10	
		有效数字正确	5	

训练4 室外排水管道严密性试验

4.1 实训内容及时间安排

室外排水管道严密性试验。实训时间：4课时。

4.2 实训目的

掌握闭水法进行室外排水管严密性试验的方法。

4.3 实训准备工作

管道堵板或机制红砖、水泥砂浆、瓦刀、灰铲、灰斗等。

4.4 实训步骤

室外污水、雨污水合流及湿陷土、膨胀土地区的雨水管道，回填土前应采用闭水法进行严密性试验。

4.4.1 闭水试验应具备的条件

(1) 管道及检查井外观质量已检查合格。

(2) 管道未还土且沟槽内无积水。

(3) 全部预留孔洞应封堵不得漏水。

(4) 管道两端堵板承载力经核算并大于水压力的合力；除预留进出水管外，应封堵坚固，不得漏水。

(5) 顶管施工，其注浆孔封堵且管口按设计要求处理完毕，地下水位于管底以下。

4.4.2 闭水试验的方法

排水管道作闭水试验，宜从上游往下游进行分段，上游段试验完毕，可往下游段倒水，以节约用水。

1. 试验分段

试验管段应按井距分离，长度不应大于1km，带井试验。

2. 试验水头

(1) 试验段上游设计水头不超过管顶内壁时，试验水头从试验段上游管顶内壁加2m计。

(2) 试验段上游设计水头超过管顶内壁时，试验水头以试验段上游设计水头加2m计。

(3) 当计算出的试验水头小于10m，但已超过上游检查井井口时，试验水头以上游检查井井口高度为准。

3. 试验步骤

(1) 将试验段管道两端的管口封堵，管堵如用砖砌，必须养护 3～4d 达到一定强度后，再向闭水段的检查井内注水。

(2) 试验管段灌满水后浸泡时间不少于 24h，使管道充分浸透。

(3) 当试验水头达规定水头开始计时，观察管道的渗水量，直至观测结束时，应不断向试验管段内补水，保持试验水头恒定。渗水量的观测时间不得小于 30min。

(4) 渗水量的计算。实测渗水量按下式计算：

$$q = \frac{W}{TL}$$

式中 q 为实测渗水量，$L/(min \cdot m)$；

$\quad W$ 为补水量，L；

$\quad T$ 为实测渗水量观测时间，min；

$\quad L$ 为试验管段长度，m。

4.5 闭水试验标准

(1) 排水管道闭水试验允许渗水量应符合表 4-11 所示的规定。

无压管道闭水试验允许渗水量 表 4-11

管材	管道内径 D_1 (mm)	允许渗水量 [$m^3/(24h \cdot km)$]	管材	管道内径 D_1 (mm)	允许渗水量 [$m^3/(24h \cdot km)$]
钢筋混凝土管	200	17.60	钢筋混凝土管	1200	43.30
	300	21.62		1300	45.00
	400	25.00		1400	46.70
	500	27.95		1500	48.40
	600	30.60		1600	50.00
	700	30.00		1700	51.50
	800	35.35		1800	53.00
	900	37.50		1900	54.48
	1000	39.52		2000	55.90
	1100	41.45			

(2) 管道内径大于表 4-11 的规定时，实测渗水量应小于或等于按下式计算的渗水量：

$$Q = 1.25\sqrt{D}$$

式中 Q 为允许渗水量，$m^3/(24h \cdot km)$；

$\quad D$ 为管道内径，mm。

(注：化学建材管道的实测渗水量应小于或等于按下式计算的允许渗水量，$Q = 0.0046D$)

(3) 异形截面管道的允许渗水量可按周长折算为圆形管道计算。

(4) 在水源缺乏的地区，当管径大于 700mm 时，按井段抽验 1/3。

4.6 记录表格

管道闭水试验记录表格参见表 4-12 所示。

管道闭水试验记录表 **表 4-12**

工程名称				试验日期				年 月 日	
桩号及地段									
管道内径(mm)		管材种类			接口种类			试验段长度(m)	
试验段上游 设计水头(m)		试验水头(m)						允许渗水量 (m³/24h·km)	
渗水量 测定记录	次数	观测起始 时间 T_1	观测结束 时间 T_2		恒压时间 T(min)		恒压时间内 补入的水量 W(L)	实测渗水量 q(L/min·m)	
	1								
	2								
	3								
	折合平均实测渗透水量(m³/24h·km)								
外观									
评语									

4.7 实训考核

考核采用综合考评方式，即学生自评，教师评价，见表 4-13、表 4-14 中所示。

学生自我评价表(学生用表) **表 4-13**

项目名称：　　　　　　　　组别：　　　　　　　　学生姓名：

评价项目	评价标准			
	优 8～10	良 6～8	中 4～6	差 2～4
1. 学习态度是否主动，是否能及时完成教师布置的各项任务				
2. 是否完整地记录探究活动的过程，收集的有关学习信息和资料是否完善				
3. 能否根据学习资料对项目进行合理分析，对所制定的方案进行可行性分析				
4. 是否能够完全领会教师的授课内容，并迅速地掌握技能				
5. 是否积极参与各种讨论与演讲，并能清晰地表达自己的观点				
6. 能否按照实训方案独立或合作完成实训项目				
7. 对实训过程中出现的问题能否主动思考，使用现有知识进行解决，并知道自身知识的不足之处				
8. 通过项目训练是否达到所要求的能力目标				
9. 是否确立了安全、环保意识与团队合作精神				
10. 工作过程中是否能保持整洁、有序、规范的工作环境				
总　评				
改进方法				

实施操作评分表（教师用表）　　　　　　　　　表 4-14

项目名称＿＿＿＿＿＿＿　　　组别＿＿＿＿＿＿＿　　　得分＿＿＿＿＿＿＿

项目	评价内容	要求	分值	扣分
实训前（20 分）	记录表格	设计合理	5	
		及时认真	5	
	着装	符合要求	5	
	进实验室	准时	5	
实训中（50 分）	实训工作面	整洁有序	5	
	废纸、纸屑等	按规定处理	5	
	实训操作	态度认真	10	
		操作规范	10	
	原始记录	规范、及时	5	
		真实、无涂改	5	
	问题处理	及时解决	5	
		方法合理	5	
实训后（30 分）	领用设备及工具	及时归还	5	
	实训后工作面	清理	5	
	数据处理	计算公式正确	5	
		计算结果正确	10	
		有效数字正确	5	

项目 5　顶 管 施 工 案 例

1. 顶管施工概况

某顶管项目管段的轴线采用直线布置，过水能力为 $30m^3/s$，内径尺寸为 3.5m，外径为 4.16m、长 553.1m 的钢筋混凝土顶管。顶管采用"F"型接头式钢筋混凝土管，顶管共分 3 孔。管间净距 4.94m，管顶覆土厚 5.0～6.0m，顶管顶高程 $-6.0m$，底高程 $-10.1m$。在顶管范围内分布的土层有③$_2$、④$_1$、④$_2$、⑤$_1$、⑤$_2$ 层。其中③$_2$、④$_2$ 层土呈流塑状，高压缩性，土质差，京杭运河以北该二层土厚度相对较厚，顶管基础座落在④$_2$ 层上，京杭运河以南顶管基础座落在⑤$_1$、⑤$_2$ 层上，土质较好。顶管施工平、剖面图如图 5-1、图 5-2 所示。

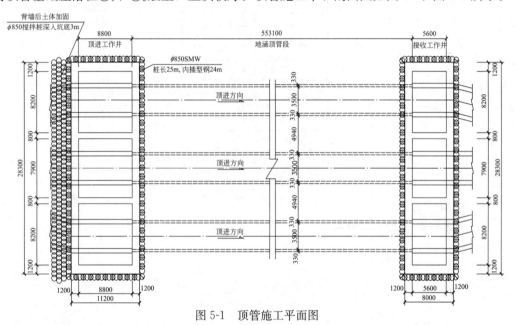

图 5-1　顶管施工平面图

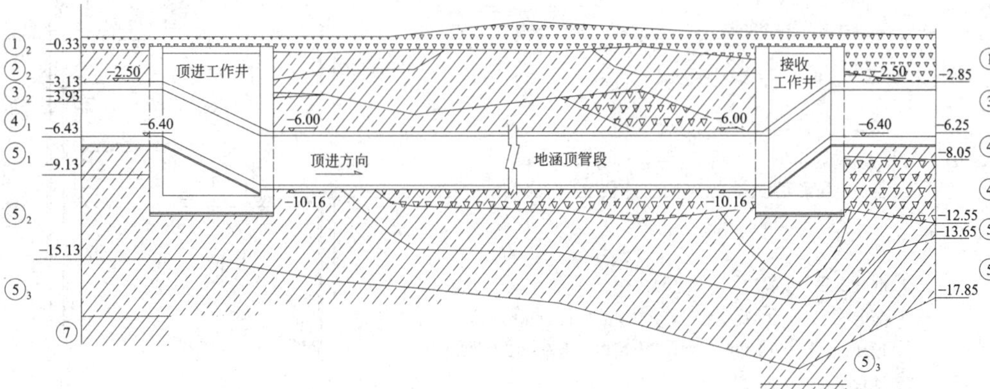

图 5-2　顶管施工剖面图

2. 顶管施工工艺

(1) 顶管施工流程（图 5-3）

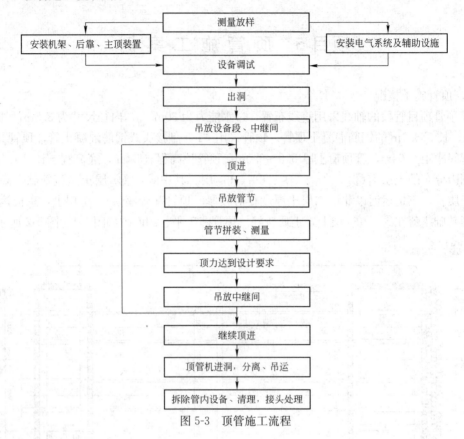

图 5-3 顶管施工流程

(2) 顶管顶进工艺（图 5-4）

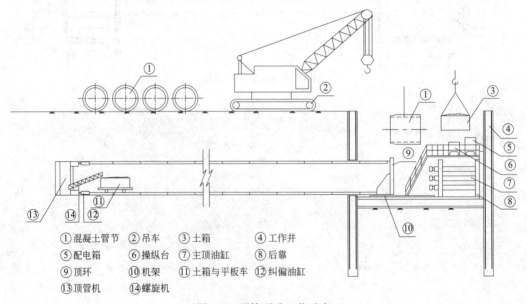

①混凝土管节 ②吊车 ③土箱 ④工作井
⑤配电箱 ⑥操纵台 ⑦主顶油缸 ⑧后靠
⑨顶环 ⑩机架 ⑪土箱与平板车 ⑫纠偏油缸
⑬顶管机 ⑭螺旋机

图 5-4 顶管顶进工艺示意

3. 顶力计算

ϕ3500mm 顶管全长 553m，采用土压平衡式顶管掘进机，穿越的土层主要为层④$_1$ 黏土、层④$_2$ 淤泥质粉质黏土和层⑤$_1$ 粉质黏土。对顶管机头和管节的顶进阻力进行估算。

（1）顶管机正面最大阻力：

$$Pt = r (H + 2/3D) \tan^2(45° + \phi/2)$$
$$= 18.5(7.35 + 2 \times 4.2/3) \tan^2(45° + 20.8°/2)$$
$$= 394 \text{kN/m}^2$$

$$N = 1/4\pi D^2 Pt$$
$$= 1/4\pi \times 4.2^2 \times 394$$
$$= 5456 \text{kN}$$

（2）采取注浆减摩措施时，553m 管道摩擦阻力：

$$F_{摩} = K\pi D_1 L$$
$$= 5\pi \times 4.16 \times 553$$
$$= 36118 \text{kN}$$

（3）总顶进阻力：

$$\sum F_{阻} = N + F_{摩}$$
$$= 5456 + 36118$$
$$= 41574 \text{kN}$$

（4）实际顶力：

根据中继间的布置（详见"5.4 中继间的布置"），顶进实际最大顶力就是 100m 管道摩擦阻力：

$$F_{实} = K\pi D_1 L_1$$
$$= 5\pi \times 4.16 \times 100$$
$$= 6531 \text{kN}$$

式中　N——顶管机正面阻力(kN)；

　　　Pt——被动土压力(kN)；

　　　r——土重度(kN/m³)；

　　　H——最大复土深度(m)；

　　　D——顶管机外径(m)；

　　　D_1——混凝土管道外径(m)；

　　　K——混凝土管道单位面积摩擦阻力(kN/m²)，根据《地基基础设计规范》DGJ 08—11—2010，取 5 kN/m²；

　　　L——混凝土管道长度(m)。

4. 中继间的布置

（1）中继间的布置

根据以上顶力的计算并结合以往类似工程的施工经验，为了减少顶进阻力，提高顶进质量，减少地表变形，施工中必须采用中间接力顶进。

当总推力达到中继间总推力 40％～60％时，设置第一只中继间，以后每当达到中继间总推力的 70％～80％时，设置一只中继间。中继间的总推力为 9000kN，使用中继间推进混凝土管道的长度：

$$L_1 = 9000 \times 75\% / (5\pi \times 4.16) = 103m$$

第一只中继间设于顶管机尾部处。以后每隔 100m 设置一只中继间，设置 5 只，余下的 53m 由主顶承担。每条顶管初步设置 6 只中继间，当主顶油缸达到中继间总推力的 90％时，就必须启用中继间。在施工中根据实际情况对中继间的布置可以作必要的调整。

（2）顶进实际最大顶力

根据中继间的布置，顶进实际最大顶力就是 100m 管道摩擦阻力：

$$\begin{aligned} F_{实} &= K\pi D_1 L_1 \\ &= 5\pi \times 4.16 \times 100 \\ &= 6531kN \end{aligned}$$

5. 后背（座）设计

顶管的后座由钢后靠、后座墙和工作井后方的土体三者组成。在顶进过程中，各个油缸推力的反力均匀地作用在顶管的后座上。对顶管后座的承受力进行估算。

顶管后座的承受力 R 为：

$$\begin{aligned} R &= \alpha B (r H^2 Kp /2 + 2cH\sqrt{Kp}) \\ &= 2.0 \times 1.2 [18.5 \times 12^2 \times \tan^2(45° + 20.8° /2) + 2 \times 40 \times 12 \times \tan(45° + 20.8° /2)] \\ &= 16766kN \end{aligned}$$

式中　R——顶管后座承受力，kN；

　　　α——系数，取 2.0；

　　　B——后座墙的宽度，m；

　　　H——后座墙的高度，m；

　　　Kp——被动土压系数，$\tan^2(45° + \phi/2)$；

　　　c——土的内聚力，kPa。

为确保安全，顶管后座的实际承受力应为：

$$R/1.5 = 11184kN > 6535kN（实际最大顶力）$$

由上可见，顶管工作井的后座满足顶管顶力要求。

根据设计要求，顶进工作井后座土体进行了 3 排 ϕ850 搅拌桩进行土体加固，具体如图 5-5 所示。

6. 顶管机头选型及设备的规格、数量

（1）顶管机头选型

根据工程地质资料和业主要求，结合多年的顶管施工经验，决定选用多刀盘土压平衡顶管机（图 5-6）进行施工。多刀盘土压平衡顶管机结构简单，设备投入少，经济合理，操作简便，技术先进，安全可靠，适用于淤泥质黏土、黏土、粉砂土、砂性土，尤其适用于在建筑群下、公路、河流等特殊地段的顶管施工。

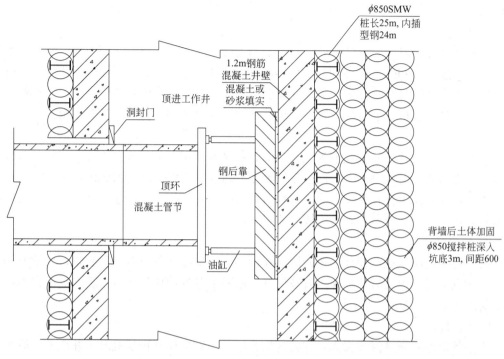

图 5-5　顶管后靠布置示意图

（2）顶管机械设备

1）多刀盘土压平衡顶管机

① 根据土压平衡的基本原理，利用顶管机的刀盘切削搅拌正面土体，使机头土压仓内的土体压力平衡于开挖面的水与土的综合压力，以稳定土体。以顶管机的顶速（即切削量）为常量，螺旋输送机转速（即排土量）为变量进行控制，使土压仓内的土体压力与开挖面的水土压力保持平衡，保证开挖面的土体稳定，控制地表的隆起和沉降。

图 5-6　多刀盘土压平衡顶管机

② 本机采用二段一铰承插式结构，在铰接处设置二道具有径向调节功能的密封装置，并设有注浆孔，便于在施工时同步注浆。刀盘为电驱动，变频调速，控制刀盘转速，并在土压仓面板设置 3 只土压传感器，显示正面土体的土压力值。纠偏系统采用 8 只双作用油缸，编成 4 组，与坐标轴线呈 45°布置，纠偏夹角 $\alpha = \pm 2°$。

③ 在顶管机二段壳体之间均设有止转装置，可防止壳体在顶进中发生相对转动。密封土仓上方设置注浆孔，可注入水或泥浆，改善土质，便于排土。

④ 螺旋输送机采用轴向端部出土，增加排土高度，为大容量土箱运输创造条件。采用电驱动形式，变频调速，根据正面土体土压值大小，控制螺旋输送机排土速度，保持土压平衡。

2）主顶装置

主顶装置由底架、油缸组、顶进环、钢后靠及液压动力站等组成，是顶管施工的重要组成部分。

① 底架

主要承载顶管机、中继间、管节之用，底架为拼装式钢结构件，设置 8 只螺旋千斤顶，每只起重量 320kN，可以调整底架高度达到施工要求；底架前端和两侧设置 10 只水平支撑，能将底架与井壁撑实，防止底架移位。底架上部设置内外两副轨道，左右对称分布，内轨道作顶管机、中继间、管节的承载之用，外轨道则为顶进环行走之用。

② 油缸组

根据要求，顶管机装备顶力为 12000kN，选用双作用双冲程等推力油缸 6 只，每只油缸最大推力为 2000kN，施工时主顶最大顶力不超过 9000kN，避免因顶力过大使混凝土管节碎裂，并确保工作井安全。油缸行程 $S＝3500mm$，油缸分两组，并用可分式结构的支座固定，左右对称分布，并用连接梁连成一体。

③ 顶进环

由顶环和顶座组成，顶环用螺栓固定在顶座上，顶座底部设置 4 只滚轮，放于外侧轨道上可往复运行。顶进时顶环伸入管节尾部，起对中及导向作用，并传递油缸的顶力，使管节受力均布。

④ 钢后靠

主要承受油缸顶进时的反力，并将其均匀地传递到工作井钢筋混凝土井壁上，避免井壁因受力不匀而碎裂。钢后靠的受力区域设有加强板，应尽可能与主顶进油缸对准。钢后靠安装时应与顶进轴线保持垂直，与井壁留有约 10cm 空隙，并用素混凝土充填捣实。

⑤ 主顶装置液压系统

液压泵站选用 25SCY14-1B 和 10SCY14-1B 手动变量轴向柱塞油泵各一台组合而成，分别配备 Y160L-6 和 Y132M-6 型电机。通过变频调速可自动改变油泵的流量，根据顶进时工况要求及时控制主顶油缸的顶速。

⑥ 主顶装置技术参数

油缸尺寸：$D×d×L＝\phi325×\phi280×2655mm$

油缸数量：6 只

油缸行程：$S＝3500mm$

装备顶力：$F_{max}＝12000kN(P_{max}＝31.5MPa)$

额定顶力：$F_额≤9000kN(P_额≤25MPa)$

顶进速度：$V＝0～80mm/min$

（3）中继间装置

1）中继间装置的结构特征

中继间采用二段一铰可伸缩的套筒承插式结构，偏转角 $\alpha＝±2°$，长度约 2000mm，外形几何尺寸与管节相同。在铰接处设置二道可径向调节密封间隙的密封装置，确保顶进时不漏浆，并在承插处设置可以压注 1 号锂基润滑脂的油嘴，以减少顶进时密封圈的磨损。在铰接处设置 4 只注浆孔，顶进时可以进行同步注浆，减小顶进阻力。

在正常顶进时，只用第一道密封装置，第二道作为储备。当第一道密封圈磨损时，发现有漏浆点，即可用径向调节装置，调整密封间隙，使漏浆现象得以及时制止。当第一道密封圈失效时，即可启用第二道密封装置，从而保证顶进的连续性。由于顶进距离长，密封圈磨损相当厉害，为防止万一，第一道密封装置设计成可拆卸的，便于更换密封圈，从而达到万无一失。

2）中继间装置主要技术参数

油缸尺寸：$D \times d \times L = \phi 168 \times \phi 140 \times 650 \text{mm}$

油缸数量：20 只

油缸行程：$S = 300 \text{mm}$

装备顶力：$F_{\max} = 10000 \text{kN}$（$P_{\max} = 31.5 \text{MPa}$）

额定顶力：$F_{额} \leqslant 9000 \text{kN}$（$P_{额} \leqslant 27 \text{MPa}$）

（4）顶管机头数量

根据本标段工程施工总进度计划安排，顶管机头采用 1 只投入本工程即可满足业主工期要求，这样设备投入费用也较经济，可以相应减少工程的投资费用。

7. 顶管施工测量及测量纠偏方法

（1）顶管施工测量

1）顶管轴线的布设

按甲方所提供的城市坐标点连接出洞井和进洞井之间的进、出洞门的两点坐标及高程，以坐标值的计算建立相应坐标系，为顶进轴线高程之差决定顶管顶进坡度。

2）建立施工顶进轴线的观测台

按独立坐标系放样后靠观测台（后台），使它精确地移动至顶管轴线上，用它正确指挥顶管的正确施工。以后按施工的情况，决定定期复测后台的平面和高程位置。

3）按三等水准连测两井之间的进出洞的情况，计算顶进设计坡度。

4）顶进施工测量

在后台架设 J2 型经纬仪一台，后视出洞口红三角（即顶进轴线）测顶管机的前标及后标的水平角和竖直角测一全测回，采用 fx4500p 计算编排程序计算顶管的头（切口）尾的平面和高程偏差值，来正确指挥顶管的施工。

5）注意问题

顶管施工初次放样及顶进极为重要。另外，由于顶管后靠顶进中要造成变化，后台的布置应保持始终不动，来确保顶管施工的测量的正确性。

（2）测量纠偏控制

1）为了使顶进轴线和设计轴线相吻合，在顶进过程中，要经常对顶进轴线进行测量。在正常情况下，每顶进一节管节测量一次，在出洞、纠偏、进洞时，适量增加测量次数。施工时还要经常对测量控制点进行复测，以保证测量的精度。

2）在施工过程中，要根据测量报表绘制顶进轴线的单值控制图，直接反映顶进轴线的偏差情况，使操作人员及时了解纠偏的方向，保证顶管机处于良好的工作状态。

3）在实际顶进中，顶进轴线和设计轴线经常发生偏差，因此要采取纠偏措施，减小顶进轴线和设计轴线间的偏差值，使之尽量趋于一致。顶进轴线发生偏差时，通过调节纠偏千斤顶的伸缩量，使偏差值逐渐减小并回至设计轴线位置。在施工过程中，应贯彻"勤测、勤纠、缓纠"的原则，不能剧烈纠偏，以免对管节和顶进施工造成不利影响。

4）本工程测量所用的仪器有全站仪、激光经纬仪和高精度的水准仪。顶管机内设有坡度板和光靶，坡度板用于读取顶管机的坡度和转角，光靶用于激光经纬仪进行轴线的跟踪测量。

8. 顶管顶进施工

（1）顶进设备安装

1）把地面上的测量控制网络引放至工作井内，并建立相应的地面控制点，便于顶进施工时进行复测。

2）工作井内测量放样，精确测放出顶进轴线。

3）安装顶进后靠，顶进后靠的平面应垂直于顶进轴线，后靠与井壁结构混凝土之间留有约10cm的空隙要用素混凝土充填密实。

4）安装主顶装置和导轨。先将它们大致固定，然后在测量的监视下，精确调整它们的位置，直至满足要求为止，随即将它们固定牢靠。

5）工作井内的平面布置。搭建井内工作平台、安装配电箱、主顶动力箱、控制台等，敷设各种电缆、管线、油路等，井内半面布置要求布局合理，保证安全。

6）地面辅助设备的安装及平面布置。辅助设备主要有拌浆系统、供电系统等设施安装及调试，此外还有管节堆场、安全护栏等的布置。

7）地面辅助工作及井内安装结束后，吊放顶管机，接通电气、进水、压气、注浆、液压等系统，进行出洞前的总调试。

（2）顶管进出洞措施

1）当顶管机头从工作井推出（称出洞），如措施不当，亦会引起地表严重坍塌的灾害性事故。顶管机出洞应采用行之有效的洞门密封装置，可确保安全顺利出洞。

2）出洞前，在洞口安装双层橡胶止水装置，其作用是防止顶管机出洞时正面水土涌入工作井内，另一作用是防止顶进施工时压入的减阻泥浆流失，保证能够形成完整有效的泥浆套。

3）顶进工作井、接收工作井围护结构均采用 ϕ850 SMW 工法（劲性水泥土搅拌桩法）施工，桩长25m，内插型钢24m。围护结构起止水挡土作用，洞口为混凝土井壁预留洞，在预埋钢环上安装双层橡胶止水装置，形成封闭的出洞条件。如图5-7～图5-9所示。

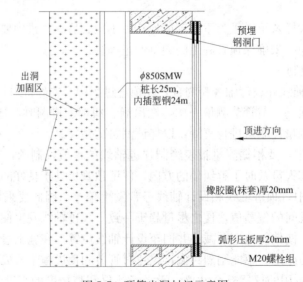

图 5-7　顶管出洞封门示意图

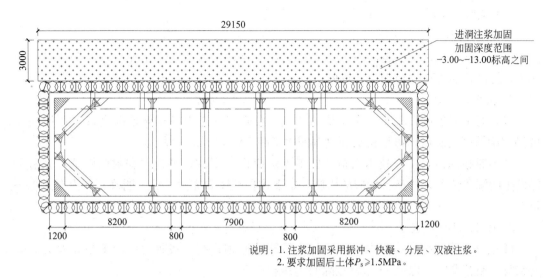

说明：1. 注浆加固采用振冲、快凝、分层、双液注浆。
2. 要求加固后土体 $P_s \geqslant 1.5$ MPa。

图 5-8　顶管进洞注浆加固示意图 1

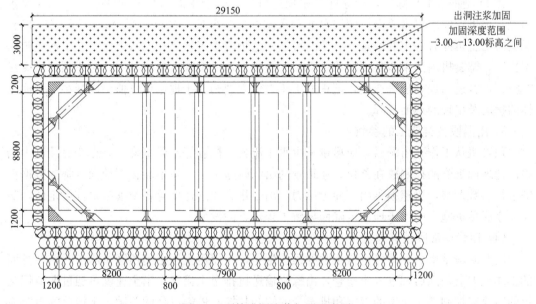

图 5-9　顶管进洞注浆加固示意图 2

4）另外，为了确保进、出洞的安全，在顶进工作井、接收工作井外侧采用注浆加固对土体进行改良。注浆加固采用振冲、快凝、分层、双液注浆，如图 5-8、图 5-9 所示，为顶管进、出洞注浆加固示意图。注浆加固施工要点如下：

① 钻杆钻进后将钻杆四周的土体压实，减少冒浆。

② 注浆孔呈梅花形布孔，孔距 1.2m，排距 1m。注浆时采用间隔跳打法施工。

③ 注浆采取自下而上分层注浆方法，分层提升的高度在 300~500mm 之间。喷浆时，边提升钻杆边喷浆，保证注入的浆液基本均匀。

④ 注浆的工艺流程为：放线定位→钻孔→下注浆管→封口→压浆→压浆堵口。

（3）顶管机出洞

1）顶管出洞的施工步骤

设备调试→顶进机头至洞圈内→H 型钢拔除→顶进机头切削水泥土→机头切口进原状土，提高正面土压力至理论计算值。

2）拔桩前准备

首先对全套顶进设备作一次系统的调试，在确定顶进设备运转情况良好并顶拔松动 H 型钢确认能拔除后，再把机头顶进洞圈内至距 SMW10cm 左右。

H 型钢拔除前，工程技术人员、施工人员应详细了解现场情况和封门图纸，分析可能发生的漏水情况，并准备相应的措施，定下拔桩顺序和方法，分工明确，并由专人统一指挥。

3）拔 H 型钢措施

H 型钢拔除应按由一边向另一边依次拔除的原则进行，拔桩时，起重吊装人员应配合默契，衔接及时，保证 H 型钢拔除时迅速和安全。

4）顶管顶进

在 H 型钢全部拔除后，应立即开始顶进机头，由于正面为全断面的水泥土，为保护刀盘，顶进速度应尽量放慢，使刀盘能对水泥土进行彻底的切削；另外，由于土体过硬，螺旋机出土可能有一定的困难，必要时可加入适量清水来软化和润滑土体。在水泥土被基本排出，螺旋机内出来全断面原状土后，为控制好地面沉降、顶进轴线、防止顶管机突然"磕头"，宜适当提高顶进速度，把正面土压力建立到稍大于理论计算值，以减小对正面土体的扰动及出现的地面沉降。

5）出洞段各类施工的参数

顶管机从工作井出洞后，应尽量减少水土流失，控制好地面沉降。并在今后顶进中始终需把地面沉降的控制放在首位。在顶管的出洞段施工中，应不断根据地面沉降的数据反馈进行参数调整，迅速摸索出正面土压力、出土量、顶进速度等各类参数最佳设定值，防止在今后顶进施工中由于地面沉降而导致工程难点的发生。

（4）顶管正常段顶进施工

出洞阶段结束后，即可进行正常的顶进施工，在使用土压平衡顶管机施工时，开挖面的土体经刀盘切削后，进入土压仓，由螺旋输送机排至土箱内，出土速度可通过调节螺旋机的转速来控制，土压值的设定和排土量的控制是控制地表沉降的关键，土压值的设定应根据施工土质状况、地下水位、管道埋深等因素初步设定，并根据施工实际情况和地表沉降的实测结果随时进行调整。

1）各类施工参数的控制

① 正面压力的设定

本工程采用土压平衡式顶管机，是利用压力仓内的土压力来平衡开挖面的土体，而达到对顶管正前方开挖面土体支护的目的，并控制好地面沉降，因此平衡压力的设定是顶进施工的关键。

土压力采用 Rankine 压力理论进行计算：

$$P_{\pm}=k_0 rz=0.65\times18.5\text{kN/m}^3\times7.35\text{m}=88\text{kN/m}^2$$

$$P_下 = k_0 rz = 0.65 \times 18.5 \text{kN/m}^3 \times 11.55 \text{m} = 139 \text{kN/m}^2$$

式中　　$P_上$——管道顶部的侧面土压力；

　　　　$P_下$——管道底部的侧面土压力；

　　　　k_0——侧面系数；

　　$k_0 = 1 - \sin\psi'$

　　　　ψ'——土的有效内摩擦角(°)；

　　　　r——土的容重；

　　　　Z——覆土深度。

以上数据为理论计算值，只能作为土压力的最初设定值，随着顶进不断进行，土压力值应根据其他实际顶进参数地面沉降监测数据作相应的调整。

② 本工程管道内出土采用 1 台平板车运输方案。在管节内铺设两根 16kg/m 轨道作运输轨道用。

一节管节的理论出土量为 $\pi \times 2.1^2 \times 2.5 = 34.6 \text{m}^3$。在顶进过程中应尽量精确地统计出每节管节的出土量，力争使之与理论出土量保持一致，以保证正面土体的相对稳定，减少地面沉降量。

2）顶进轴线控制

顶管在正常顶进施工过程中，必须密切注意顶进轴线的控制，在每节管节顶进结束后，必须进行机头的姿态测量，并做到随偏随纠，且纠偏量不宜过大，以避免土体出现较大的扰动及管节间出现张角。

3）地面沉降控制

在顶进过程中，应合理控制顶进速度，保证连续均衡施工，避免出现长时间的搁置情况，不断根据反馈的数据进行土压力设定值调整，使之达到最佳状态，严格控制出土量，防止欠挖或超挖。

4）管节减摩

为减少土体与管壁间的摩擦阻力，提高工程质量和施工进度，在顶管顶进的同时，向管道外壁压注一定量的润滑泥浆，变固固摩擦为固液摩擦，以达到减小总顶力的效果。

加强润滑泥浆的压注管理，一方面要保证一定的压注量，另一方面还应保证所注泥浆要有质的要求。

具体施工方法和措施见"5.12 减阻措施"。

5）穿越××桥

由于顶管外壁离桥墩仅 4～5m，顶管在顶进到××桥附近和穿越××桥时要根据对××桥的安全监测数据，及时调整顶进施工参数，并避免在该范围进行纠偏等易扰动土体的操作，以确保顶管安全平稳顺利地从××桥下通过。

在顶管顶进过程中主要采取以下三项技术措施，来严格控制对××桥的影响，确保××桥的正常安全运营。

① 顶进技术措施

穿越前对全套机械设备进行彻底检查，保证其顶进时具有良好的性能。

严格控制顶管的施工参数，防止超、欠挖。

严格控制顶管顶进的纠偏量，尽量减少对正面土体的扰动。

施工过程中顶进速度不宜过快，一般控制在 20mm/min 左右，尽量做到均衡施工，避免在途中有较长时间的耽搁。

在穿越过程中，必须保证持续、均匀压浆，使出现的建筑空隙能被迅速得到填充，保证管道上部土体的稳定。

② 安全监测

安全监测是指导工程施工的眼睛，是了解××桥动态情况的科学依据，是判断顶进技术措施合理与否的标准。

所以在本工程的施工顶进过程中，由测量监测队伍进行工程全过程监测。运用先进的仪器设备，及时获取准确可靠的监测数据，经电脑软件处理后，向各方汇报施工对周围环境产生的影响，以便于顶管进行施工，从而达到安全施工的目的。通过监测其变化规律和发展趋势，以便及时地了解××桥在施工过程中的变形情况，并根据现场实际情况，及时调整各类施工参数，保证××桥的安全。

③ 保证措施

一旦变形量超过控制范围，应及时采取措施控制变形量：及时调整顶进参数，如增加或减小正面出土量、降低或提高正面土压力；严格控制注浆和纠偏量，做到均衡施工，在穿越过程中避免在该范围进行纠偏等易扰动土体的操作，以确保顶管安全平稳顺利的从××桥下通过。

6) 顶进施工中注意事项

工具管开始顶进 5~10m 的范围内，允许偏差为：轴线位置 3mm，高程 0~+3mm。当超过允许偏差时，应采取措施纠正。

为防止管节飘移，可将前 3~5 节管与工具管联成一体。

在管道顶进的全部过程中，应控制工具管前进的方向，并应根据测量结果分析偏差产生的原因和发展趋势，确定纠偏的措施。

中继间安装前应检查各部件，确认正常后方可安装；安装完毕应通过试运转检验后方可使用；中继间的启动应由前向后依次进行；中继间外壳在安装前进行防腐处理。

顶进施工期间，管道内动力、照明、控制电缆的接头要安全可靠。管道内的各种管线应分门别类地布置，并固定好，防止松动滑落。

在顶管机和中继间处应放置应急照明灯具，保证断电或停电时管道内的工作人员能顺利撤出。

(5) 顶管进洞

1) 接收井准备

接收井施工完成后，必须立即对洞门位置的方位测量确认，根据实际标高安装顶管机接受基座。并配备拔除围护桩 H 型钢的工具和机械设备。

2) 顶管机位置姿态的复核测量

当顶管机头逐渐靠近接收井时，应适当加强测量的频率和精度。减小轴线偏差，以确保顶管能正确进洞。

顶管贯通前的测量是复核顶管所处的方位、确认顶管状态、评估顶管进洞时的姿态和拟订顶管进洞的施工轴线及施工方案等的重要依据，使顶管机在此阶段的施工中始终按预定的方案实施，以良好的姿态进洞，准确无误地坐落到接收井的基座上。

3）各施工参数的调整

在顶管到达距接收井 6m 后，开始停止第一节管节的压浆，并在以后顶进中压浆位置逐渐后移，保证顶管在进洞前有 6m 左右的完好土塞，避免在进洞过程中减摩泥浆的大量流失而造成管节周边摩阻力骤然上升，以致出现工程难点。

在顶管机切口进入东侧出入口的水泥搅拌桩，应适当减慢顶进速度，加大出土量，逐渐减小顶进时机头正面土压力，以保证顶管机设备完好和洞口处结构稳定。

4）顶管进洞

顶管机切口距东侧接收井搅拌桩 H 型钢 20cm 左右时，顶管停止顶进，并在东侧预留洞圈外搅拌桩的四个角开观察孔，以准确探测出机头的实际位置，在探明机头位置确实正确落在接收井洞圈范围内时，开始拔除 H 钢。

在 H 钢拔除后，顶管应迅速、连续顶进管节，尽快缩短顶管机进洞时间。洞圈特殊管节出洞后，马上处理填充管节和洞圈的间隙，减少水土流失。

在顶管机进洞后，顶管，分离顶管机、设备段，吊装驳运。

（6）减摩泥浆的固化及洞口接头处理

顶进结束后进行减摩泥浆（触变泥浆）的固化，使管节外壁与周围土层的施工间隙尽快填充固结，减小地面沉降。

减摩泥浆（触变泥浆）的置换可采用水泥砂浆或粉煤灰水泥砂浆置换触变泥浆；置换时利用原有的注浆设备从管节的注浆孔压注。

注浆及置换触变泥浆后，应将全部注浆设备清洗干净；拆除注浆管路后，应将管道上的注浆孔封闭严实。

顶管结束后，管节接口的内侧间隙应按设计规定处理；设计无规定时，可采用石棉水泥、弹性密封膏或水泥砂浆密封。填塞物应抹平，不得凸入管内。

工作井的洞口接头处理（井壁与混凝土管节间的空隙），应按设计规定处理，设计无规定时，可采用压力灌注 C30 细石混凝土，在套管上焊接止水环（厚 20），再以聚硫密封膏封堵。

9. 垂直运输和水平运输布置

顶管施工时，垂直运输采用 100T 履带吊进行工作井上下的物件（顶管管节、土箱、材料等）运输。

所有材料和顶管管节均用运输车辆运到施工现场，再通过 100T 履带吊进行装卸和翻运。顶管机头及设备进场和从接收工作井转运到顶进工作井时，采用 150T 汽车吊进行装卸和吊运。

管节内水平运输采用轨道平板车配合卷扬机进行材料和土方的运输。

10. 下管

当主顶行程达到一定限度时，就须暂停顶进施工，将主顶收回，将部分顶铁吊出，然后吊装下一节管节。顶管管节采用 100T 履带吊进行下管。

采用起重设备下管时，正式作业前应试吊，吊离地面 10cm 左右时，检查重物捆扎情况和制动性能，确认安全后方可起吊。

下管时工作坑内严禁站人，当管节距导轨小于 50cm 时，操作人员方可近前工作，严禁负荷吊装。

11. 土方开挖、运土的方法

顶管土方开挖时，土体经刀盘切削后，进入土压仓，由螺旋输送机排至土箱内(土箱约 3m³ 容量)，出土速度可通过调节螺旋机的转速来控制，土箱放置于平板车上通过轨道用卷扬机进行运至工作井，再用吊车将土箱吊到地面通过运土车运至土方堆场。

12. 减阻措施

(1) 顶进施工中，减阻泥浆(触变泥浆)的应用是减小顶进阻力的重要措施。顶进时通过顶管机铰接处及管节上预留的注浆孔，向管道外壁压入一定量的减阻泥浆，在管道四周外围形成一个泥浆套，减小管节外壁和土层间的摩阻力，从而减小顶进时的顶力。泥浆套形成的好坏，直接关系减阻的效果。

(2) 为了做好压浆工作，在顶管机尾部环向均匀地布置了 4 只压浆孔，顶进时及时进行跟踪注浆。管节上设有 4 只压浆孔，压浆总管用 2 寸白铁管，用压浆软管接至压浆孔处。顶进时，顶管机尾部的压浆孔要及时有效地跟踪压浆，确保形成完整有效的泥浆套。

(3) 为保证压浆效果，制订以下几点技术措施：

1) 对泥浆原材料进行验收，保证其质量；制定合理的泥浆配比，保证润滑泥浆的稳定；经常对拌好的泥浆进行测试，确保润滑泥浆的质量。

减阻泥浆的性能要稳定，施工期间要求泥浆不失水、不沉淀、不固结，既要有良好的流动性，又要有一定的稠度。顶进施工前要做泥浆配合比试验，找出适合于施工的最佳泥浆配合比。

2) 制定合理的压浆工艺，严格按压浆操作规程进行。为使顶进时形成的建筑间隙及时用润滑泥浆所填补，形成泥浆套，达到减少摩阻力及地面沉降，压浆时必须坚持"随顶随压、逐孔压浆、全线补浆，浆量均匀"的原则。

3) 加强压浆管理，保证压浆工作的正确落实。

减阻泥浆的拌制要严格按操作规程进行。催化剂、化学添加剂等要搅拌均匀，使之均匀地化开，膨润土加入后要充分搅拌，使其充分水化。泥浆拌好后，应放置一定的时间才能使用。压浆是通过储浆池处的压浆泵将泥浆压至管道内的总管，然后经由压浆孔压至管壁外。施工中，在压浆泵上装有压力表，便于观察、控制和调整压浆的压力。

4) 压浆顺序：

地面拌浆→总管阀门打开→启动压浆泵→管节阀门打开→送浆(顶进开始)→管节阀门关闭(顶进停止)→停泵→总管阀门关闭→井内快速接头拆开→下管节→接 2 寸总管→循环复始。

5) 减阻泥浆的灌注应符合下列规定：

搅拌均匀的泥浆应静置一定时间后方可灌注；

注浆前，应通过注水检查注浆设备，确定设备正常后方可灌注；

注浆压力可按不大于 0.1MPa 开始加压，在注浆过程中的注浆流量、压力等施工参数，应按减阻及控制地面变形的量测资料调整。

6) 每个注浆孔宜安装阀门，注浆遇有机械故障、管路堵塞、接头渗漏等情况时，经处理后可继续顶进。

7) 顶进施工中，减阻泥浆的用量主要取决于管道周围的空隙的大小及周围土层的特性，由于泥浆的流失及地下水等的作用，泥浆的实际用量要比理论用量大得多，一般可达到理论值的 4～5 倍，但在施工中还要根据土质情况、顶进状况、地面沉降的要求等做适当的调整。

8）减阻泥浆有关技术参数：

地表沉降控制要求不高的顶程减阻泥浆技术参数见下表 5-1 所示。

减阻泥浆技术参数　　　　　　　表 5-1

视黏度	失水量	泥饼	pH	密度	动切力	静切力	胶体率	状态
MPa·s	M_1	mm		g/cm^3	Pa	Pa	%	
16	8	2	8.5	1.09	11.7	19	100	略稠

其泥浆配合比见下表 5-2 所示（每 m^3 泥浆）。

泥 浆 配 合 比　　　　　　　表 5-2

膨润土	水	纯碱	CMC
130kg	870kg	4.5kg	4kg

地表沉降控制要求高的顶程（穿越××桥附近）减阻泥浆技术参数见下表 5-3 所示。

地表沉降控制要求高的顶程减阻泥浆技术参数　　　　表 5-3

视黏度	失水量	泥饼	pH	密度	动切力	静切力	胶体率	状态
MPa·s	M_1	mm		g/cm^3	Pa	Pa	%	
54	8.5	2	8.5	1.11	30.6	53.1	100	厚稠

其泥浆配合比见下表 5-4 所示。

地表沉降控制要求高的顶程泥浆配合比（每 m^3 泥浆）　　表 5-4

膨润土	水	纯碱	CMC
150kg	850kg	6kg	5.4kg

13. 地下水排除方法

施工过程中管节内地下水和工作井内的积水采用潜水泵抽至工作井内的集水坑和地面的沉淀池中，经过沉淀处理后再向外排放。

在地下负高空及顶管施工中，根据现场划分深基坑作业、顶管设备安装、顶管顶进施工区域，必须配备足够数量的排水泵，及时将水排入地面下水道井内。对于较深的基坑应采用接力排水。为防止地表降水倒灌，在井口四周必须设置 30cm 以上高度的挡水墙。

14. 施工记录表格

顶管工程顶进记录表　　表 5-5

工程名称：_____

顶进方向：自_____井 至_____井　管径_____mm　接口形式：_____

顶管工作坑位置：_____井　管材种类：_____

| 班次时间 | | 土质情况 | 顶进长度(m) | | 坡度 | 坡度增减(±) | 测量记录 后视读数 | 前视应读数 | 前视管端实读数 | 高程偏差 | | 中心偏差 | | 管前掘土长度(cm) | 表压(MPa) | 使用镐数 t/台 | 备注 |
年月日			本次	累计						高(+)	低(-)	左	右				
1		2	4	5	6	7	8	9=7+8	10	11	12	13	14	15	16	17	18

注：1. 表中 7～14 栏单位为毫米。

　　2. 表中 5×6＝7 向下游坡度记（＋），向上游坡度记（－）。

　　3. 后视坑内水准点的高程一般应为坡主度坡起点的管内底设计标高。

　　4. 9～10 若得正值记下 11，9～10 若得负值记入 12。

　　5. 每测一次记录一行，各栏均应认真填写。

　　6. 备注栏内可填写纠偏情况。

附录 1 建筑给水排水工程施工
技术资料及质量验收资料

1. 建筑给水排水工程分部工程、分项工程划分

建筑给水排水工程分部工程、分项工程划分   附表 1-1

分部工程	序号	子分部工程	分项工程
建筑给水、排水及采暖	1	室内给水系统	给水管道及配件安装，室内消火栓系统安装，给水设备安装，管道防腐，绝热
	2	室内排水系统	排水管道及配件安装，雨水管道及配件安装
	3	室内热水供应系统	管道及配件安装，辅助设备安装，防腐，绝热
	4	卫生器具安装	卫生器具安装，卫生器具给水配件安装，卫生器具排水管道安装
	5	室内采暖系统	管道及配件安装，辅助设备及散热器安装，金属辐射板安装，低温热水地板 辐射采暖系统安装，系统水压试验及调试，防腐，绝热
	6	室外给水管网	给水管道安装，消防水泵接水器及室外消火栓安装，管沟及井室
	7	室外排水管网	排水管道安装，排水管沟与井池
	8	室外供热管网	管道及配件安装，系统水压试验及调试，防腐，绝热
	9	建筑中水系统及游泳池系统	建筑中水系统管道及辅助设备安装，游泳池水系统安装
	10	供热锅炉及辅助设备安装	锅炉安装，辅助设备及管道安装，安全附件安装，烘炉、煮炉和试运行，换热站安装，防腐，绝热

2. 室外安装工程划分

室外安装工程划分   附表 1-2

单位工程	子单位工程	分部(子分部)工程
室外安装	给水排水与采暖	室外给水系统，室外排水系统，室外供热系统
	电气	室外供电系统，室外照明系统

3. 图纸会审记录

图 纸 会 审 记 录　　　　　　　　　　　　　　　**附表 1-3**

工程名称		会审日期		年　月　日
序号	图号	会 审 记 录		
		问　　题		答复意见
施工单位(公章) 项目专业技术负责人: 参加人:	设计单位(公章) 设计项目负责人: 参加人:	建设单位(公章) 项目负责人: 参加人:		监理单位(公章) 总　监: 参加人:

4. 设计变更(洽商)记录

设计变更(洽商)记录　　　　　　　　　　　　　**附表 1-4**

工程名称		会审日期		年　月　日

记录内容:

设计单位(公章) 单位(项目)负责人:	施工单位(公章) 项目专业技术负责人:	建设单位(公章) 单位(项目)负责人:	监理单位(公章) 总　监:

5. 技术(安全)交底记录

技术(安全)交底记录

附表 1-5

工程名称		会审日期		年 月 日
分项工程名称		交底日期		

交底内容：

项目专业技术负责人：	交底人：	接受人：

6. 安装施工日志

安 装 施 工 日 志

附表 1-6

		年 月 日　　天气：　　温度 ℃　　风力　级	
内容	施工部位：		
	施工人员：		
	施工情况：		
	检查情况：		
	存在问题：		
	处理意见：		
	其他：		

记录人：

7. 建筑安装工程设备成品半成品材料合格证汇总表

建筑安装工程设备成品半成品材料合格证汇总表　　　　附表 1-7

工程名称	××工程		施工单位					
序号	设备产品、材料名称	单位	数量	合格证号	生产厂家	使用部位	见证取样情况	备注

施工单位：　　　　（公章）　　　　监理（建设）单位：　　　　（公章）　　年　月　日

8. 材料、成品、半成品进场验收记录

材料、成品、半成品进场验收记录　　　　附表 1-8

工程名称					施工单位			
分项工程名称					监理（建设）单位			
序号	产地名称	型号	规格	数量	合格证号	复验记录		
						复验量	检测手段	

验收结论：

施工单位： 项目专业技术（质量）负责人： 专业质量检查员： （公章）　　年　月　日	供应单位： （公章）　　年　月　日	监理（建设）单位： 监理工程师： （建设单位项目专业技术负责人） （公章）　　年　月　日

9. 合格证贴条

合 格 证 贴 条 附表 1-9

材料名称	
合格证原编号	
合格证代表数量	
进货数量	
工程总需要量	
材料验收单编号	
抽样试验委托单编号	
抽样试验结论	
供货单位	
到货日期	
查对标牌验收情况	
合格证收到日期	

（复印件或抄件粘贴处）

10. 复印件(或抄件)贴条

复印件(或抄件)贴条 附表 1-10

材料名称	
合格证复印件原编号	
合格证复印件代表数量	
进货数量	
工程总需要量	
材料验收单编号	
抽样试验委托单编号	
抽样试验结论	
供货单位	
到货日期	
查对标牌验收情况	
合格证复印件收到日期	
合格证原件存放单位	
抄件单位(公章)	
抄件人签字	

（复印件或抄件粘贴处）

11. 阀门（清洗）试验记录

阀门（清洗）试验记录   附表 1-11

工程名称			施工单位		
分项工程名称			监理（建设）单位		
环境温度			试验日期		
阀门名称					
规　格					
型　号					
密封材料					
合格证号					
数　量					
清洗情况					
脱脂情况					
试验介质					
试验压力及时间	强度（MPa）				
	时间（S）				
	严密性（MPa）				
	时间（S）				
试验结论					

施　工　单　位			监理（建设）单位
试验人：	专业质量检查员：	项目专业技术（质量）负责人：	监理工程师： （建设单位项目专业技术负责人）
		（公章）	（公章）

12. 管道隐蔽工程验收记录

＿＿＿＿＿＿管道隐蔽工程验收记录   附表 1-12

工程名称			施工单位		
分项工程名称			监理（建设）单位		
环境温度	℃		验收日期		
图号和管线号				管　径	
数　量		材质		接头形式	
工作介质		防腐		绝　热	

续表

隐蔽方法：	简图及说明：
验收结论	

施 工 单 位			监理(建设)单位
专业工长：	专业质量检查员：	项目专业技术(质量)负责人：	监理工程师： (建设单位项目专业技术负责人)
		(公章)	(公章)

13. 水、气压试验记录

_____水、气压试验记录 **附表 1-13**

工程名称					施工单位			
分项工程名称					监理(建设)单位			
环境温度			℃		验 收 日 期			

试验范围	规格型号	试验介质	工作压力 (MPa)	试验类别	试验压力 (MPa)	试验起止 时间	压力降 (MPa)	检查结论
				严密性				
				强 度				
				严密性				
				强 度				
				严密性				

施 工 单 位			监理(建设)单位
试验人：	专业质量检查员：	项目专业技术(质量)负责人：	监理工程师： (建设单位项目专业技术负责人)
		(公章)	(公章)

14. 室内管道灌水试验记录

_____管道灌水试验记录   **附表 1-14**

工程名称		施工单位	
分项工程名称		监理(建设)单位	
环境温度		试验日期	

系统名称或编号					
规格及数量					
试验介质					
灌水高度(m)					
间隔时间(min)					
液面下降量(mm)					
灌水高度(m)					
间隔时间(min)					
液面下降量(渗漏情况)(mm)					

结　论	

施 工 单 位			监理(建设)单位
试验人：	专业质量检查员：	项目专业技术(质量)负责人：	监理工程师： (建设单位项目专业技术负责人) (公章)
		(公章)	

15. 管道通水试验记录

_____管道通水试验记录   **附表 1-15**

工程名称		施工单位	
分项工程名称		监理(建设)单位	
环境温度		试验日期	

系统(管线)名称	规格、数量	通水起止时间	配水点是否达到额定流量	排水畅通情况	渗漏情况	结论

施 工 单 位		监理(建设)单位
试验人： 专业质量检查员：	项目专业技术(质量)负责人： (公章)	监理工程师： (建设单位项目专业技术负责人) (公章)

16. 室内排水管道通球试验记录

室内排水管道通球试验记录　　　　附表 1-16

工程名称				施工单位		
分项工程名称				监理(建设)单位		
环境温度				试验日期		
系统管线名称	试验部位	管道内径	球　径	起止时间		检查结论

	施　工　单　位			监理(建设)单位	
试验人：	专业质量检查员：	项目专业技术(质量)负责人： (公章)		监理工程师： (建设单位项目专业技术负责人) (公章)	

17. 管道(设备)冲(吹)洗记录

_____(　　)冲(吹)洗记录　　　　附表 1-17

工程名称				施工单位			
分项工程名称				监理(建设)单位			
环境温度				试验日期			
系统(设备)名称	规格及数量	试验介质	加药种类及数量	留置时间	冲(吹)洗压力	冲(吹)洗时间	水质情况(附有关部门检验报告)

结　　论		

	施　工　单　位			监理(建设)单位	
试验人：	专业质量检查员：	项目专业技术(质量)负责人： (公章)		监理工程师： (建设单位项目专业技术负责人) (公章)	

18. 工序交接记录

工序交接记录　　　　　　　　　　　　　　　　　　　　　　附表 1-18

工程名称		分部分项工程名称	
移交单位		接受单位	

交接记录(附质量验收表)：

结　论	

移交单位负责人： 专业质检员：	接受单位负责人： 专业质检员：	监理工程师： (建设单位项目专业技术负责人)
年　月　日	年　月　日	(公章)　年　月　日

19. 排水管道灌水和通水试验记录

排水管道灌水和通水试验记录　　　　　　　　　　　　　　附表 1-19

工程名称		施工单位	
分项工程名称		监理(建设)单位	
环境温度		试验日期	

管段名称及编号	灌水高度(m)	灌水时间 min	检查方法	检查结论

续表

管段名称及编号	灌水高度(m)	灌水时间 min	检查方法	检查结论

施工单位			监理(建设)单位
试验人:	专业质量检查员:	项目专业技术(质量)负责人: (公章)	监理工程师: (建设单位项目专业技术负责人): (公章)

20. 设备基础复检记录

设备基础复检记录　　　　　　　　　　　　　　　　附表 1-20

工程名称		施工单位	
分包单位		监理(建设)单位	
基础名称		复查日期	
施工图号		分项工程名称	
复查依据: 施工图纸、隐蔽 工程记录			
复查内容			
复查结果			
鉴定处理意见			

施工单位			监理(建设)单位
检测人:	专业质量检查员:	项目专业技术(质量)负责人: (公章)	监理工程师: (建设单位项目专业技术负责人) (公章)

21. 设备基础隐蔽工程验收记录

设备基础隐蔽工程验收记录 **附表 1-21**

工程名称			施工单位	
分包单位			监理(建设)单位	
设备名称			分项工程名称	
二次浇灌前状况	垫铁设置情况			
	地脚螺栓埋设位置及尺寸			
	基础表面处理			

简图

验收意见	

施工单位			监理(建设)单位
专业工长:	专业质量检查员:	项目专业技术(质量)负责人:	监理工程师: (建设单位项目专业技术负责人) (公章)
		(公章)	

22. 设备单机试运转及调试记录

设备单机试运转及调试记录 **附表 1-22**

单位工程名称			施工单位	
分包单位			监理(建设)单位	
设备名称			型号规格	
试运转时间				

试运转过程及各参数记录:

试运转调试结论	

施工单位			监理(建设)单位
专业工长:	专业质量检查员:	项目专业技术(质量)负责人: (公章)	监理工程师: (建设单位项目专业技术负责人) (公章)

23. 防腐施工记录

防 腐 施 工 记 录　　　　　　　　　　　　　　**附表 1-23**

工程名称		施工单位	
分包单位		监理(建设)单位	
分项工程名称		施工日期	

表面除锈质量要求，除锈方法与检查结果：

项　目	层次	使用材料		厚度(mm)	颜色	每层间隔时间(h)	干燥方法	备注
		名　称	配比与规格					

说明：

施 工 单 位				监理(建设)单位
专业工长：	专业质量检查员：	项目专业技术(质量)负责人：		监理工程师： (建设单位项目专业技术负责人) (公章)
			(公章)	

24. 绝热施工记录

绝热施工记录   附表 1-24

工程名称				施工单位					
分包单位				监理(建设)单位					
分项工程名称				施工日期					

绝热项目	绝热层				防潮层		保护层		伸缩缝	
	第一层		第二层							
	材料	厚度(mm)	材料	厚度(mm)	材料	厚度(mm)	材料	厚度(mm)	材料	间隙(mm)

说明及绝热结构剖面图:

施 工 单 位			监理(建设)单位
专业工长:	专业质量检查员:	项目专业技术(质量)负责人:	监理工程师: (建设单位项目专业技术负责人)
		(公章)	(公章)

25. 室内给水管道及配件安装工程检验批质量验收记录表

室内给水管道及配件安装工程检验批质量验收记录表   附表 1-25

单位(子工程)工程名称				
分项工程名称			验收部位	
施工单位			项目经理	
分包单位			分包项目经理	
施工执行标准名称及编号				

《建筑给水排水及采暖工程施工质量验收规范》 _____ 的规定			施工单位检查评定纪录	监理(建设)单位 验收纪录
主控项目	1	给水管道水压试验		
	2	给水系统通水试验		
	3	生活给水系统管道冲洗和消毒		
	4	直埋金属管道防腐		

续表

《建筑给水排水及采暖工程施工质量验收规范》_____的规定					施工单位检查评定纪录							监理(建设)单位验收纪录
一般项目	1	排水水管铺设的平行、垂直净距										
	2	金属给水管道及管件焊接										
	3	给水水平管道坡度坡向										
	4	管道支吊架										
	5	水表安装										
	6	水平管道纵横方向弯曲允许偏差	钢管	每米	1mm							
				全长25m以上	≤25mm							
			塑料管复合管	每米	1.5mm							
				全长25m以上	≤25mm							
			铸铁管	每米	2mm							
				全长25m以上	≤25mm							
		立管垂直度允许偏差	钢管	每米	3mm							
				5m以上	≤8mm							
			塑料管复合管	每米	2mm							
				5m以上	≤8mm							
			铸铁管	每米	3mm							
				5m以上	≤10mm							
		成排管段和成排阀门	在同一平面上间距		3mm							
		保温层允许偏差	厚度		$+0.1\delta\sim0.05\delta$							
			表面平整度	卷材	5mm							
				涂抹	10mm							

施工单位检查评定结果	专业工长(施工员)		施工班组长	
	项目专业质量检查员：		年 月 日	

监理(建设)单位验收纪录	专业监理工程师： (建设单位项目专业技术负责人)	年 月 日

26. 给水设备安装工程检验批质量验收记录表

给水设备安装工程检验批质量验收记录表 附表 **1-26**

单位(子单位)工程名称					
分部(子分部)工程名称			验收部位		
施工单位			项目经理		
分包单位			分包项目经理		
施工执行标准名称及编号					

		《建筑给水排水及采暖工程施工质量验收规范》_____的规定			施工单位检查评定记录	监理(建设)单位验收记录
主控项目	1	水泵基础				
	2	水泵试运转的轴承温升				
	3	敞口水箱满水试验和密闭水箱(罐)水压试验				
一般项目	1	水箱支架或底座安装				
	2	水箱溢流管和泄放管安装				
	3	立式水泵减振装置				
	4	安装允许偏差	静置设备	坐标	15mm		
				标高	±5mm		
				垂直度(每 m)	5mm		
			离心式水泵	立式垂直度(每 m)	0.1mm		
				卧式水平度(每 m)	0.1mm		
				联轴器同心度 轴向倾斜(每 m)	0.8mm		
				径向移位	0.1mm		
	5	保温层允许偏差	允许偏差	厚度δ	$+0.1\delta$ -0.05δ		
			表面平整度(mm)	卷材	5		
				涂料	10		

	专业工长(施工员)		施工班组长	
施工单位检查评定结果	项目专业质量检查员:		年 月 日	
监理(建设)单位验收结论	专业监理工程师: (建设单位项目专业技术负责人)		年 月 日	

27. 室内排水管道及配件安装工程检验批质量验收记录表

室内排水管道及配件安装工程检验批质量验收记录表　　　　附表 1-27

单位(子单位)工程名称						
分部(子分部)工程名称				验收部位		
施工单位				项目经理		
分包单位					分包项目经理	
施工执行标准名称及编号						

《建筑给水排水及采暖工程施工质量验收规范》 _____的规定					施工单位检查评定记录	监理(建设)单位 验收记录
主控项目	1	排水管道灌水试验				
	2	生活污水铸铁管，塑料管坡度				
	3	排水塑料管安装伸缩节				
	4	排水立管及水平干管通球试验				
一般项目	1	生活污水管道上设检查口和清扫口				
	2	金属和塑料管支、吊架安装				
	3	排水通气管安装				
	4	医院污水和饮食业工艺排水				
	5	室内排水管道安装				
	6 排水管安装允许偏差		坐　标	15mm		
			标　高	±15m		
		横管纵横方向弯曲	铸铁管　每 1m	≤1mm		
			铸铁管　全长(25m 以上)	≤25mm		
			钢管　每 1m　管径≤100mm	1m		
			钢管　每 1m　管径＞100mm	1.5mm		
			钢管　全长(25m 以上)　管径≤100mm	≤25mm		
			钢管　全长(25m 以上)　管径＞100mm	≤38mm		
			塑料管　每 1m	1.5mm		
			塑料管　全长(25m 以上)	≤38mm		
			钢筋混凝土管　每 1m	3mm		
			钢筋混凝土管　全长(25m 以上)	≤75mm		
		立管垂直度	铸铁管　每 1m	3mm		
			铸铁管　全长(5m 以上)	≤15mm		
			钢管　每 1m	3mm		
			钢管　全长(5m 以上)	≤10mm		
			塑料管　每 1m	3mm		
			塑料管　全长(5m 以上)	≤15mm		
施工单位		专业工长(施工员)			施工班组长	
检查评定结果		项目专业质量检查员：　　　　　　　　　　　　　　年　月　日				
监理(建设)单位 验收结论		专业监理工程师： (建设单位项目专业技术负责人)　　　　　　　年　月　日				

28. 卫生器具排水管道安装工程检验批质量验收记录表

卫生器具排水管道安装工程检验批质量验收记录表 附表 1-28

单位(子单位)工程名称															
分部(子分部)工程名称						验收部位									
施工单位						项目经理									
分包单位						分包项目经理									
施工执行标准名称及编号															

		《建筑给水排水及采暖工程施工质量验收规范》 _____的规定				施工单位检查评定记录						监理(建设)单位 验收记录			
主控项目	1	器具受水口与立管、管道与楼板接合													
	2	连接排水管应严密,其支托架安装													
一般项目	1	安装允许偏差	横管弯曲度	每1m长	2mm										
				横管长度≤10m 全长	<8mm										
				横管长度>10m 全长	10mm										
			卫生器具排水管口及横支管的纵横坐标	单独器具	10mm										
				成排器具	5mm										
			卫生器具接口标高	单独器具	±10mm										
				成排器具	±5m										
	2	排水管最小坡度	污水盆(池)	5mm	25‰										
			单、双格洗涤盆(池)	50mm	25‰										
			洗手盆、洗脸盆	32～50mm	20‰										
			浴盆	50mm	20‰										
			淋浴器	50mm	20‰										
			大便器	高低水箱	100mm	12‰									
				自闭式冲洗阀	100mm	12‰									
				拉管式冲洗阀	100mm	12‰									
				冲洗阀	40～50mm	20‰									
			小便器	自动冲洗水箱	40～50mm	20‰									
			化验盆(无塞)	40～50mm	25‰										
			净身器	40～50mm	20‰										
			饮水器	20～50mm	10‰～20‰										
			专业工长(施工员)				施工班组长								
施工单位 检查评定结果			项目专业质量检查员:								年 月 日				
监理(建设)单位 验收结论			专业监理工程师: (建设单位项目专业技术负责人)								年 月 日				

29. 室外给水管道安装工程检验批质量验收记录表

室外给水管道安装工程检验批质量验收记录表 附表1-29

单位(子单位)工程名称							
分部(子分部)工程名称				验收部位			
施工单位				项目经理			
分包单位				分包项目经理			
施工执行标准名称及编号							

《建筑给水排水及采暖工程施工质量验收规范》_____的规定						施工单位检查评定记录	监理(建设)单位验收记录
主控项目	1	埋地管道覆土深度					
	2	给水管道不得直接穿越污染源					
	3	管道上可拆和易腐件,不埋在土中					
	4	管井内安装与井壁的距离					
	5	管道的水压试验					
	6	埋地管道的防腐					
	7	管道冲洗和消毒					
一般项目	1	管道和支架的涂漆					
	2	阀门、水表安装位置					
	3	给水与污水管平行铺设的最小间距					
	4	管道连接应符合规范要求					
	5	管道安装允许偏差	坐标	铸铁管	埋地	100mm		
					敷设在沟槽内	50mm		
				钢管、塑料管、复合管	埋地	100mm		
					敷沟内或架空	40mm		
			标高	铸铁管	埋地	±50mm		
					敷设在沟槽内	±30mm		
				钢管、塑料管、复合管	埋地	±50mm		
					敷沟内或架空	±30mm		
			水平管纵横向弯曲	铸铁管	直段(25m以上)起点~终点	40mm		
				钢管、塑料管、复合管	直段(25m以上)起点~终点	30mm		

施工单位检查评定结果	专业工长(施工员)		施工班组长	
	项目专业质量检查员:		年 月 日	

监理(建设)单位验收结论	专业监理工程师: (建设单位项目专业技术负责人)　　　　　　　　　年　月　日

30. 管沟及井室工程检验批质量验收记录表

管沟及井室检验批工程质量验收记录表 附表 1-30

单位(子单位)工程名称					
分部(子分部)工程名称				验收部位	
施工单位				项目经理	
分包单位				分包项目经理	
施工执行标准名称及编号					

《建筑给水排水及采暖工程施工质量验收规范》_____的规定				施工单位检查评定记录	监理(建设)单位验收记录
主控项目	1	管沟的基层处理和井室的地基	设计要求		符合要求
	2	各类井盖的标识应清楚，使用正确	第9.4.2条		
	3	通车路面上的各类井盖安装	第9.4.3条		
	4	重型井圈与墙体结合部处理	第9.4.4条		
一般项目	1	管沟及各类井室的坐标，沟底标高	设计要求		符合要求
	2	管沟底层的要求	第9.4.6条		
	3	管沟岩石基底要求	第9.4.7条		
	4	管沟回填的要求	第9.4.8条		
	5	井室内施工要求	第9.4.9条		
	6	井室内应严密，不透水	第9.4.10条		

	专业工长(施工员)		施工班组长	
施工单位检查评定结果	主控项目全部合格，一般项目满足规范规定要求。 项目专业质量检查员： 年 月 日			
监理(建设)单位验收结论	同意验收 专业监理工程师： (建设单位项目专业技术负责人) 年 月 日			

31. 室外排水管道安装工程检验批质量验收记录表

室外排水管道安装工程检验批质量验收记录表 附表 1-31

单位(子单位)工程名称					
分部(子分部)工程名称				验收部位	
施工单位				项目经理	
分包单位				分包项目经理	
施工执行标准名称及编号					

		《建筑给水排水及采暖工程施工质量验收规范》_____的规定			施工单位检查评定记录	监理(建设)单位验收记录
主控项目	1	管道坡度符合设计要求、严禁无坡和倒坡		设计要求		
	2	灌水试验和通水试验				
一般项目	1	排水铸铁管的水泥捻口				
	2	排水铸铁管，除锈、涂漆				
	3	承插接口安装方向				
	4	混凝土管或钢筋混凝土管抹带接口的要求				
	5	允许偏差	坐标	埋地	100mm		
				敷设在沟槽内	50mm		
			标高	埋地	±20mm		
				敷设在沟槽内	±20mm		
			水平管道纵横向弯曲	第5m长	10m		
				全长(两井间)	30mm		

施工单位	专业工长(施工员)		施工班组长	

检查评定结果	项目专业质量检查员：　　　　　　　　　　　年　月　日
监理(建设)单位验收结论	专业监理工程师： (建设单位项目专业技术负责人)　　　　　　年　月　日

32. 室外排水管沟及井池工程检验批质量验收记录表

室外排水管沟及井池工程检验批质量验收记录表 附表 1-32

		单位(子单位)工程名称					
分部(子分部)工程名称					验收部位		
施工单位					项目经理		
分包单位					分包项目经理		
施工执行标准名称及编号							

		《建筑给水排水及采暖工程施工质量验收规范》_____的规定		施工单位检查评定记录	监理(建设)单位验收记录
主控项目	1	沟基的处理和井池的底板	设计要求		
	2	检查井、化粪池的底板及进出口水管	设计要求		
一般项目	1	井池的规格，尺寸和位置砌筑、抹灰			
	2	井盖标识、选用正确			

施工单位	专业工长(施工员)		施工班组长	
检查评定结果	项目专业质量检查员：		年 月 日	
监理(建设)单位验收结论	专业监理工程师： (建设单位项目专业技术负责人)		年 月 日	

33. 分项工程质量验收记录表

_____分项工程质量验收记录 附表 1-33

工程名称		结构类型		检验批数	
施工单位		项目经理		项目技术负责人	
分包单位		分包单位负责人		分包项目经理	
序号	检验批部位、区段	施工单位评定结果		监理(建设)单位验收结论	

续表

序号	检验批部位、区段	施工单位评定结果	监理(建设)单位验收结论

检查结论	项目专业 技术负责人： 年　月　日	验收结论	监理工程师： (建设单位项目专业技术负责人) 年　月　日

注：本表由施工项目专业质量检查员填写。

34. 分部(子分部)工程质量验收表

_____分部工程质量验收表　　　　　　　　　　附表 1-34

工程名称			层数/建筑面积		
施工单位			开/竣工日期		
项目经理/证号		专业技术 负责人/证号		项目专业技术 负责人/证号	

序号	项目	验收内容	验收结论
1	子分部工程质量 验收	共_____子分部，经查_____子分部； 符合规范及设计要求_____子分部	
2	质量管理资料核查	共_____项，经审查符合要求_____项； 经核定符合要求_____项	
3	安全、卫生和主要使用 功能核查抽查结果	共抽查_____项，符合要求_____项； 经返工处理符合要求_____项	
4	观感质量验收	共抽查_____项，符合要求_____项； 不符合要求_____项	
5	综合验收结论		

参加验收单位	施工单位	设计单位	监理单位	建设单位
	(公章) 单位(项目)负责人： 年　月　日	(公章) 单位(项目)负责人： 年　月　日	(公章) 总监理工程师： 年　月　日	(公章) 单位(项目)负责人： 年　月　日

35. 单位(子单位)工程质量竣工验收记录

单位(子单位)工程质量竣工验收记录　　　　　　　　附表 1-35

工程名称		结构类型		层数/建筑面积	
施工单位		技术负责人		开工日期	
项目经理		项目技术负责人		竣工日期	

序号	项目	验收记录	验收结论
1	分部工程	共　分部,经查　分部 符合标准及设计要求　分部	
2	质量控制 资料核查	共　项,经审查符合要求　项, 经核定符合规范要求　项	
3	安全和主要 使用功能核查 及抽查结果	共核查　项,经审查符合要求　项 共抽查　坝,经审查符合要求　项 经返工处理符合要求　项	
4	观感质量验收	共抽查　项,符合要求　项 不符合要求　项	
5	综合验收结论		

参加验收 单位	建设单位	监理单位	施工单位	设计单位
	（公章）	（公章）	（公章）	（公章）
	单位(项目)负责人	总监理工程师	单位负责人	单位(项目)负责人
	年　月　日	年　月　日	年　月　日	年　月　日

附录 2　市政给水排水管道工程质量验收资料编制

1. 市政给水排水管道工程分项、分部、单位工程划分

市政给水排水管道工程分项、分部、单位工程划分 附表 2-1

单位工程（子单位工程）	开(挖)槽施工的管道工程、大型顶管工程、盾构管道工程、浅埋暗挖管道工程、大型沉管工程、大型桥管工程		
分部工程（子分部工程）		分项工程	验收批
土方工程		沟槽土方(沟槽开挖、沟槽支撑、沟槽回填)、基坑土方(基坑开挖、基坑支护、基坑回填)	与下列验收批对应
管道主体工程	预制管开槽施工主体结构 金属类管、混凝土类管、预应力钢筒混凝土管、化学建材管	管道基础、管道接口连接、管道铺设、管道防腐层(管道内防腐层、钢管外防腐层)、钢管阴极保护	可选择下列方式划分： ① 按流水施工长度； ② 排水管道按井段； ③ 给水管道按一定长度连续施工段或自然划分段(路段)； ④ 其他便于过程质量控制方法
	管渠(廊) 现浇钢筋混凝土管渠、装配式混凝土管渠、砌筑管渠	管道基础、现浇钢筋混凝土管渠(钢筋、模板、混凝土、变形缝)、装配式混凝土管渠(预制构件安装、变形缝)、砌筑管渠(砖石砌筑、变形缝)、管道内防腐层、管廊内管道安装	每节管渠(廊)或每个流水施工段管渠(廊)
	不开槽施工主体结构 工作井	工作井围护结构、工作井	每座井
	顶管	管道接口连接、顶管管道(钢筋混凝土管、钢管)、管道防腐层(管道内防腐层、钢管外防腐层)、钢管阴极保护、垂直顶升	顶管顶进：每100m； 垂直顶升：每个顶升管
	盾构	管片制作、掘进及管片拼装、二次内衬(钢筋、混凝土)、管道防腐层、垂直顶升	盾构掘进：每100环； 二次内衬：每施工作业断面； 垂直顶升：每个顶升管
	浅埋暗挖	土层开挖、初期衬砌、防水层、二次内衬、管道防腐层、垂直顶升	暗挖：每施工作业断面； 垂直顶升：每个顶升管
	定向钻	管道接口连接、定向钻管道、钢管防腐层(内防腐层、外防腐层)、钢管阴极保护	每100m
	夯管	管道接口连接、夯管管道、钢管防腐层(内防腐层、外防腐层)、钢管阴极保护	每100m
	沉管 组对拼装沉管	基槽浚挖及管基处理、管道接口连接、管道防腐层、管道沉放、稳管及回填	每100m(分段拼装按每段，且不大于100m)
	预制钢筋混凝土沉管	基槽浚挖及管基处理、预制钢筋混凝土管节制作(钢筋、模板、混凝土)、管节接口预制加工、管道沉放、稳管及回填	每节预制钢筋混凝土管
	桥管	管道接口连接、管道防腐层(内防腐层、外防腐层)、桥管管道	每跨或每100m；分段拼装按每段或每段，且不大于100m
附属构筑物工程		井室(现浇混凝土结构、砖砌结构、预制拼装结构)、雨水口及支连管、支墩	同一结构类型的附属构筑物不大于10个

2. 单位(子单位)工程质量竣工验收记录表

单位(子单位)工程质量竣工验收记录　　　　附表 2-2

工程名称		类型		工程造价	
施工单位		技术负责人		开工日期	
项目经理		项目技术负责人		竣工日期	

序号	项目	验收记录	验收结论
1	分部工程	共　　分部,经查　　分部 符合标准及设计要求　　分部	
2	质量控制 资料核查	共　项,经审查符合要求　项, 经核定符合规范规定　项	
3	安全和主要 使用功能核 查及抽查结果	共核查　项,符合要求　　项, 共抽查　项,符合要求　　项, 经返工处理符合要求　　项	
4	观感质量 检验	共抽查　项,符合要求　　项, 不符合要求　项	
5	综合验收 结论		

参加验收 单位	建设单位	设计单位	施工单位	监理单位
	(公章)	(公章)	(公章)	(公章)
	项目负责人	项目负责人	项目负责人	项目负责人
	年　月　日	年　月　日	年　月　日	年　月　日

3. 分部(子分部)工程质量验收记录表

分部(子分部)工程质量验收记录　　　　　　　　**附表 2-3**

工程名称				分部工程名称	
施工单位		技术部门负责人		质量部门负责人	
分包单位		分包单位负责人		分包技术负责人	

序号	分项工程名称	验收批数	施工单位检查评定	验收意见
1				
2				
3				
4				
5				
6				
7				
8				
9				
	质量控制资料			
	安全和功能检验 (检测)报告			
	观感质量验收			

验收 单位	分包单位	项目经理	年　　月　　日
	施工单位	项目经理	年　　月　　日
	设计单位	项目负责人	年　　月　　日
	监理单位	总监理工程师	年　　月　　日
	建设单位	项目负责人(专业技术负责人)	年　　月　　日

4. 分项工程质量验收记录表

_____分项工程质量验收记录　　　　　　　　　　　附表 2-4

工程名称		分项工程名称		验收批数	
施工单位		项目经理		项目技术负责人	
分包单位		分包单位负责人		施工班组长	

序号	验收批名称、部位	施工单位检查评定结果	监理(建设)单位验收结论
1			
2			
3			
4			
5			
6			
7			
8			
9			
10			
11			
12			
13			
14			
15			
16			
17			
18			
19			
20			

检查结论	施工项目 技术负责人： 年　月　日	验收结论	监理工程师： (建设项目专业技术负责人) 年　月　日

5. 沟槽开挖与地基处理工程检验批质量验收记录

沟槽开挖与地基处理工程检验批质量验收记录　　　**附表 2-5**

工程名称		分部工程名称		分项工程名称	
施工单位		专业工长		项目经理	
验收批名称、部位					
分包单位		分包项目经理		施工班组长	

《给水排水管道工程施工及验收规范》_____的规定			施工单位检查评定记录	监理(建设)单位验收记录
主控项目	1	原状地基土不得扰动、受水浸泡或受冻		
	2	地基承载力应满足设计要求		
	3	地基处理时，压实度、厚度应满足设计要求	应测　点，实测　点	

<table>
<tr><td rowspan="8">一般项目</td><td rowspan="8">4</td><td colspan="7" align="center">沟槽开挖的允许偏差</td></tr>
<tr><td rowspan="2">检查项目</td><td rowspan="2">允许偏差
（mm）</td><td colspan="2" align="center">检查数量</td><td colspan="3" rowspan="2" align="center">检查点偏差值或实测值</td><td rowspan="2">施工单位
检查情况</td></tr>
<tr><td>范围</td><td>点数</td></tr>
<tr><td rowspan="2">槽底高程</td><td>土方　±20</td><td rowspan="2">两井之间</td><td rowspan="2">3</td><td></td><td></td><td></td><td rowspan="2">合格率　%</td></tr>
<tr><td>石方　+20、
-200</td><td></td><td></td><td></td></tr>
<tr><td>槽底中线
每侧宽度</td><td>不小于规定</td><td>两井之间</td><td>6</td><td></td><td></td><td></td><td>合格率　%</td></tr>
<tr><td>沟槽边坡</td><td>不陡于规定</td><td>两井之间</td><td>6</td><td></td><td></td><td></td><td>合格率　%</td></tr>
<tr><td colspan="4" align="center">平均合格率</td><td colspan="3"></td><td>%</td></tr>
<tr><td colspan="8" align="center">检验结论</td></tr>
</table>

施工单位检查评定结果	项目专业质量检查员： 　　　　　　　　　　　　　　　　　年　月　日
监理(建设)单位验收结论	监理工程师： (建设单位项目专业技术负责人) 　　　　　　　　　　　　　　　　　年　月　日

6. 沟槽支护工程工程检验批质量验收记录

沟槽支护工程检验批质量验收记录　　　　　　　　　附表 2-6

工程名称			分部工程名称		分项工程名称		
施工单位			专业工长		项目经理		
验收批名称、部位							
分包单位			分包项目经理		施工班组长		

		《建筑地基基础工程施工质量验收规范》及《给水排水管道工程施工及验收规范》的规定	施工单位检查评定记录	监理(建设)单位验收记录
主控项目	1	支撑方式、支撑材料符合设计要求		
	2	支护结构强度、刚度、稳定性符合设计要求		
一般项目	3	横撑不得妨碍下管和稳管		
	4	支撑构件安装应牢固、安全可靠，位置正确		
	5	支撑后，沟槽中心线每侧的净宽不应小于施工方案设计要求		
	6	钢板桩的轴线位移不得大于 50mm；垂直度不得大于 1.5%		

施工单位检查评定结果	项目专业质量检查员： 　　　　　　　　　　　　　　年　月　日
监理(建设)单位验收结论	监理工程师： (建设单位项目专业技术负责人) 　　　　　　　　　　　　　　年　月　日

7. 沟槽回填(刚性管道)工程检验批质量验收记录 I

<table>
<tr><td colspan="7" style="text-align:center">沟槽回填(刚性管道)工程检验批质量验收记录 I</td><td>附表 2-7</td></tr>
<tr><td>工程名称</td><td></td><td>分部工程名称</td><td></td><td colspan="2">分项工程名称</td><td></td></tr>
<tr><td>施工单位</td><td></td><td>专业工长</td><td></td><td colspan="2">项目经理</td><td></td></tr>
<tr><td colspan="2">验收批名称、部位</td><td></td><td></td><td></td><td></td><td></td></tr>
<tr><td colspan="2">分包单位</td><td></td><td>分包项目经理</td><td></td><td colspan="2">施工班组长</td></tr>
</table>

《给水排水管道工程施工及验收规范》　　　的规定			施工单位检查评定记录	监理(建设)单位验收记录
主控项目	1	回填材料符合设计要求		
	2	沟槽不得带水回填，回填应密实		
	3	回填土压实度应符合设计或规范要求	应测　点，实测　点	

		刚性管道沟槽回填土压实度										
		检查项目	最低压实度(%)		检查数量		检查点偏差值或实测值					施工单位检查情况
			重型击实标准	轻型击实标准	范围	点数						
一般项目	4	石灰土类垫层	93	95	100m	每层每侧一组(每组3点)						合格率　%
		沟槽在路基范围外 胸腔部分 管侧	87	90	两井之间或1000m²							合格率　%
		管顶以上500mm	87±2(轻型)									合格率　%
		其余部分	≥90(轻型)或设计要求									合格率　%
		农田或绿地范围表层500mm范围内	不宜压实，预留沉降量，表面平整									合格率　%
		平均合格率										%
		检验结论										

施工单位检查评定结果	项目专业质量检查员： 年　　月　　日
监理(建设)单位验收结论	监理工程师： (建设单位项目专业技术负责人) 年　　月　　日

沟槽回填(刚性管道)工程检验批质量验收记录Ⅱ

表 2-8

工程名称			分部工程名称			分项工程名称		
施工单位			专业工长			项目经理		
验收批名称、部位								
分包单位			分包项目经理			施工班组长		

		《给水排水管道工程施工及验收规范》 ＿＿＿＿＿＿＿的规定				施工单位检查评定记录	监理(建设) 单位验收记录
主控 项目	1	回填材料符合设计要求					
	2	沟槽不得带水回填,回填应密实					
	3	回填土压实度应符合设计及或规范要求				应测　点,实测　点	

		刚性管道沟槽回填土压实度							
一般项目	4	检查项目			最低压实度(%)		检查数量		检查点偏差值或实测值	施工单位 检查情况
					重型击 实标准	轻型击 实标准	范围	点数		
		石灰土类垫层			93	95				合格率　%
		胸腔 部分	管侧		87	90				合格率　%
			管顶以上 250mm		87±2(轻型)					合格率　%
	沟槽在路基范围内	由路槽底算起的深度范围	≤800	快速路及 主干路	95	98	两井之间或1000m²	每层每侧一组(每组3点)		合格率　%
				次干路	93	95				合格率　%
				支路	90	92				合格率　%
			800～1500	快速路及 主干路	93	95				合格率　%
				次干路	90	92				合格率　%
				支路	87	90				合格率　%
			＞1500	快速路及 主干路	87	90				合格率　%
				次干路	87	90				合格率　%
				支路	87	90				合格率　%
		平均合格率								%
		检验结论								

施工单位检查 评定结果	项目专业质量检查员: 　　　　　　　　　　　　　　　　年　　月　　日
监理(建设)单位 验收结论	监理工程师: (建设单位项目专业技术负责人) 　　　　　　　　　　　　　　　　年　　月　　日

沟槽回填(柔性管道)工程检验批质量验收记录

表 2-9

施工单位		专业工长		项目经理	
验收批名称、部位					
分包单位		分包项目经理		施工班组长	

		《给水排水管道工程施工及验收规范》 ＿＿＿＿＿＿＿＿＿＿的规定			施工单位检查评定记录			监理(建设) 单位验收记录
主控项目	1	回填材料符合设计要求						
	2	沟槽不得带水回填，回填应密实						
	3	柔性管道的变形率不得超过设计或规范要求						
	4	回填土压实度应符合设计或规范要求			应测　点，实测　点			

		柔性管道沟槽回填土压实度						
一般项目	5	槽内部位		压实度(％)	回填材料	检查数量 范围	检查数量 点数	检查点偏差值或实测值	施工单位检查情况
		管道基础	管底基础	≥90	中、粗砂	—	—		合格率　％
			管道有效支撑角范围	≥95		每100m			合格率　％
		管道两侧		≥95	中、粗砂、碎石屑，最大粒径小于40mm的砂砾或符合要求的原土	两井之间或每1000m²	每层每侧一组(每组3点)		合格率　％
		管顶以上500mm	管道两侧	≥90					合格率　％
			管道上部	85±2					合格率　％
		管顶500～1000mm		≥90	原土回填				合格率　％
		平均合格率							％
		检验结论							

施工单位检查 评定结果	项目专业质量检查员： 年　　月　　日
监理(建设)单位 验收结论	监理工程师： (建设单位项目专业技术负责人) 年　　月　　日

8. 管道基础工程检验批质量验收记录

管道基础工程检验批质量验收记录   附表 2-10

工程名称					分部工程名称			分项工程名称		
施工单位					专业工长			项目经理		
验收批名称、部位										
分包单位					分包项目经理			施工班组长		

《给水排水管道工程施工及验收规范》_____的规定					施工单位检查评定记录	监理(建设)单位验收记录
主控项目	1	原状地基的承载力符合设计要求				
	2	混凝土基础的强度符合设计要求				
	3	砂石基础的压实度符合设计或规范要求			应测 点,实测 点	
	4	原状地基、砂石基础与管道外壁间接触均匀,无缝隙				
	5	混凝土基础外光内实,无严重缺陷;混凝土基础的钢筋数量、位置正确				

一般项目	6	管道基础的允许偏差								
		检查项目		允许偏差(mm)	检查数量		检查点偏差值或实测值	施工单位检查情况
					范围	点数		
		垫层	中线每侧宽度	不小于设计要求				合格率 %
			高程 压力管道	±30				合格率 %
			高程 无压管道	0,−15				合格率 %
			厚度	不小于设计要求				合格率 %
		混凝土基础、管座	平基 中线每侧宽度	+10,0				合格率 %
			平基 高程	0,−15	每个验收批	每10m侧1点,且不少于3点		合格率 %
			平基 厚度	不小于设计要求				合格率 %
			管座 肩宽	+10,−5				合格率 %
			管座 肩高	±20				合格率 %
		土(砂及砂砾)基础	高程 压力管道	±30				合格率 %
			高程 无压管道	0,−15				合格率 %
			平基厚度	不小于设计要求				合格率 %
			土弧基础腋角高度	不小于设计要求				合格率 %
		平均合格率						%
		检验结论						

施工单位检查评定结果	项目专业质量检查员:
	年 月 日
监理(建设)单位验收结论	监理工程师:(建设单位项目专业技术负责人)
	年 月 日

9. 钢管接口连接工程检验批质量验收记录

钢管接口连接工程检验批质量验收记录 附表 2-11

工程名称		分部工程名称		分项工程名称	
施工单位		专业工长		项目经理	
验收批名称、部位					
分包单位		分包项目经理		施工班组长	

《给水排水管道工程施工及验收规范》＿＿＿＿＿的规定			施工单位检查评定记录	监理(建设)单位验收记录
主控项目	1	管节及管件、焊接材料等的质量应符合 条		
	2	接口焊缝坡口应符合第 条		
	3	焊口错边符合第 条，焊口无十字型焊缝		
	4	焊口焊接质量应符合第 条和设计要求		
	5	法兰接口的法兰应与管道同心，螺栓自由穿入，高强度螺栓终拧扭矩应符合设计及有关标准的规定		
一般项目	6	接口组对时，纵、环缝位置应符合第 条		
	7	管节组对时，坡口及内外侧焊接影响范围内表面应无油、漆、垢、锈、毛刺等污物		
	8	不同壁厚的管节对接应符合第 条		
	9	焊缝层次有明确规定时，焊接层数、每层厚度及层间温度应符合焊接作业指导书的规定，且层间焊缝质量均应合格		
	10	法兰中轴线与管道中轴线的允许偏差应符合：$D_i \leqslant 300$mm 时，允许偏差$\leqslant 1$mm；$D_i > 300$mm 时，允许偏差$\leqslant 2$mm		
	11	连接的法兰之间应保持平行，其允许偏差不大于法兰外径的 1.5‰，且不大于 2mm；螺孔中心允许偏差应为孔径的 5%		

施工单位检查评定结果	项目专业质量检查员： 年　月　日
监理(建设)单位验收结论	监理工程师： (建设单位项目专业技术负责人) 年　月　日

10. 钢管内防腐层工程检验批质量验收记录

钢管内防腐层工程检验批质量验收记录

附表 2-12

工程名称			分部工程名称			分项工程名称		
施工单位			专业工长			项目经理		
验收批名称、部位								
分包单位			分包项目经理			施工班组长		

《给水排水管道工程施工及验收规范》 _____ 的规定				施工单位检查评定记录	监理(建设)单位验收记录
主控项目	1	内防腐层材料应符合国家相关标准及设计要求；给水管道内防腐层材料的卫生性能应符合国家相关标准的规定			
	2	水泥砂浆抗压强度符合设计要求，且不低于 30MPa			
	3	液体环氧涂料内防腐层表面应平整、光滑，无气泡、无划痕等，湿膜应无流淌现象			

		水泥砂浆防腐层的厚度及表面缺陷的允许偏差					

检查项目	允许偏差		检查数量		检查点偏差值或实测值	施工单位检查情况
			范围	点数		
一般项目　4	裂缝宽度(mm)	$\leqslant 0.8$		每处		合格率　%
	裂缝沿管道纵向长度	$\leqslant$管道的周长，且$\leqslant 2.0$m				合格率　%
	平整度(mm)	<2				合格率　%
	防腐层厚度(mm)	$D_i \leqslant 1000$	± 2	管节	取两个截面，每个截面测2点，取偏差最大1点	合格率　%
		$1000 < D_i \leqslant 1800$	± 3			合格率　%
		$D_i > 1800$	$+4, -3$			合格率　%
	麻点、空窝等表面缺陷的深度(mm)	$D_i \leqslant 1000$	2			合格率　%
		$1000 < D_i \leqslant 1800$	3			合格率　%
		$D_i > 1800$	4			合格率　%
	缺陷的面积	$\leqslant 500$mm^2		每处		合格率　%
	空鼓面积	不得超过 2 处，且每处$\leqslant 10000$mm^2		每平方米		合格率　%
平均合格率						%
检验结论						

施工单位检查评定结果	项目专业质量检查员： 　　　　　　　　　　　　　　　　　年　　月　　日
监理(建设)单位验收结论	监理工程师： (建设单位项目专业技术负责人) 　　　　　　　　　　　　　　　　　年　　月　　日

11. 钢管内防腐层工程检验批质量验收记录

钢管内防腐层工程检验批质量验收记录　　　附表 2-13

工程名称		分部工程名称		分项工程名称		
施工单位		专业工长		项目经理		
验收批名称、部位						
分包单位		分包项目经理		施工班组长		

《给水排水管道工程施工及验收规范》_____的规定			施工单位检查评定记录	监理(建设)单位验收记录
主控项目	1	内防腐层材料应符合国家相关标准及设计要求；给水管道内防腐层材料的卫生性能应符合国家相关标准的规定		
	2	水泥砂浆抗压强度符合设计要求，且不低于 30MPa		
	3	液体环氧涂料内防腐层表面应平整、光滑，无气泡、无划痕等，湿膜应无流淌现象		

一般项目 4

液体环氧涂料内防腐层的厚度及电火花试验规定

检查项目		允许偏差(mm)	检查数量		检查点偏差值或实测值							施工单位检查情况
			范围	点数								
干膜厚度(μm)	普通级	≥200	每根(节)管	两个断面各4点								合格率　%
	加强级	≥250										合格率　%
	特加强级	≥300										合格率　%
电火花试验漏点数	普通级	3	个/m²	连续检测								合格率　%
	加强级	1										合格率　%
	特加强级	0										合格率　%
平均合格率												%
检验结论												

施工单位检查评定结果	项目专业质量检查员： 　　　　　　　　　　　　　年　　月　　日
监理(建设)单位验收结论	监理工程师： (建设单位项目专业技术负责人) 　　　　　　　　　　　　　年　　月　　日

12. 钢管外防腐层工程检验批质量验收记录

钢管外防腐层工程检验批质量验收记录 **附表 2-14**

工程名称		分部工程名称		分项工程名称	
施工单位		专业工长		项目经理	
验收批名称、部位					
分包单位		分包项目经理		施工班组长	

		《给水排水管道工程施工及验收规范》_____的规定				施工单位检查评定记录	监理(建设)单位验收记录
主控项目	1	外防腐层材料(包括补口、修补材料)、结构等应符合国家相关标准及设计要求					
	2	外防腐层厚度、电火花检漏、粘结力验收标准					
		检查项目	允许偏差	检查数量			
				防腐成品管	补口	补伤	
		厚度	符合第__条的相关规定	每20根1组(不足20根按1组),每组抽查1根。测管两端和中间共3个截面,每截面测互相垂直的4点	逐个检测,每处随机测1点,每个截面测互相垂直的4点	逐个检测,每处随机抽查1个截面	
		电火花检漏		全数检查	全数检查	全数检查	
		粘结力		每20根1组(不足20根按1组),每组抽查1根,每根1处	每20个补口抽1处	—	
一般项目	3	钢管表面除锈质量等级应符合设计要求					
	4	管道外防腐层(包括补口、补伤)的外观质量应符合第5.4.9条					
	5	管体外防腐材料搭接、补口搭接补伤搭接应符合要求					

施工单位检查评定结果	项目专业质量检查员: 年 月 日
监理(建设)单位验收结论	监理工程师: (建设单位项目专业技术负责人) 年 月 日

13. 钢管阴极保护工程检验批质量验收记录

钢管阴极保护工程检验批质量验收记录　　　　　附表 2-15

工程名称		分部工程名称		分项工程名称	
施工单位		专业工长		项目经理	
验收批名称、部位					
分包单位		分包项目经理		施工班组长	

		《给水排水管道工程施工及验收规范》_____的规定	施工单位检查评定记录	监理(建设)单位验收记录
主控项目	1	钢管阴极保护所用的材料、设备等应符合国家有关标准的规定和设计要求		
	2	管道系统的电绝缘性、电连续性经检测满足阴极保护的要求		
	3	阴极保护的系统参数测试应符合第　条		
一般项目	4	管道系统中阳极、辅助阳极的安装应符合第　条		
	5	所有连接点应按规定做好防腐处理,与管道连接处的防腐材料应与管道相同		
	6	阴极保护系统的测试装置及附属设施的安装应符合第　条		

施工单位检查评定结果	项目专业质量检查员: 　　　　　　　　　　　　　　年　月　日
监理(建设)单位验收结论	监理工程师: (建设单位项目专业技术负责人) 　　　　　　　　　　　　　　年　月　日

14. 球墨铸铁管接口连接工程检验批质量验收记录

球墨铸铁管接口连接工程检验批质量验收记录 附表 2-16

工程名称		分部工程名称		分项工程名称	
施工单位		专业工长		项目经理	
验收批名称、部位					
分包单位		分包项目经理		施工班组长	

《给水排水管道工程施工及验收规范》＿＿＿＿＿的规定			施工单位检查评定记录	监理(建设)单位验收记录
主控项目	1	管节及管件的产品质量应符合第　条		
	2	承插接口连接时，两管节中轴线应保持同心，承口、插口部位无破损、变形、开裂；插口推入深度应符合要求		
	3	法兰接口连接时，插口与承口法兰压盖的纵向轴线一致，连接螺栓终拧扭矩应符合设计或产品使用说明要求；接口连接后，连接部位及连接件应无变形、破损		
	4	橡胶圈安装位置应准确，不得扭曲、外露；沿圆周各点应与承口端面等距，其允许偏差应为±3mm		
一般项目	5	连接后管节间平顺、接口无突起、突弯、轴向位移现象		
	6	接口的环向间隙应均匀，承插口间的纵向间隙不应小于 3mm		
	7	法兰接口的压兰、螺栓和螺母等连接件应规格型号一致，采用钢制螺栓和螺母时，防腐处理应符合设计要求		
	8	管道沿曲线安装时，接口转角应符合第　条		

施工单位检查评定结果	项目专业质量检查员： 　　　　　　　　　　　年　　月　　日
监理(建设)单位验收结论	监理工程师： (建设单位项目专业技术负责人) 　　　　　　　　　　　年　　月　　日

15. 钢筋混凝土管、预(自)应力混凝土管、预应力钢筒混凝土管接口连接工程检验批质量验收记录

钢筋混凝土管、预(自)应力混凝土管、预应力钢筒混凝土管
接口连接工程检验批质量验收记录　　　　附表 2-17

工程名称			分部工程名称			分项工程名称		
施工单位			专业工长			项目经理		
验收批名称、部位								
分包单位			分包项目经理			施工班组长		

《给水排水管道工程施工及验收规范》_____的规定			施工单位检查评定记录	监理(建设)单位验收记录
主控项目	1	管节及管件、橡胶圈的产品质量应符合第　条		
	2	柔性接口的橡胶圈位置正确,无扭曲、外露现象;承口、插口无破损、开裂;双道橡胶圈的单口水压试验合格		
	3	刚性接口的强度符合设计要求,不得有开裂、空鼓、脱落现象		
一般项目	4	柔性接口的安装位置正确,其纵向间隙应符合第　条		
	5	刚性接口的宽度、厚度符合设计要求;其相邻管接口错口允许偏差:D_i 小于 700mm 时,应在施工中自检;D_i 大于 700mm,小于或等于 1000mm 时,应不大于 3mm;D_i 大于 1000mm 时,应不大于 5mm		
	6	管道沿曲线安装时,接口转角应符合第　条		
	7	管道接口的填缝应符合设计要求,密实、光洁、平整		

施工单位检查评定结果	项目专业质量检查员: 　　　　　　　　　　　　　年　月　日
监理(建设)单位验收结论	监理工程师: (建设单位项目专业技术负责人) 　　　　　　　　　　　　　年　月　日

16. 化学建材管接口连接工程检验批质量验收记录

化学建材管接口连接工程检验批质量验收记录

附表 2-18

工程名称			分部工程名称		分项工程名称	
施工单位			专业工长		项目经理	
验收批名称、部位						
分包单位			分包项目经理		施工班组长	

《给水排水管道工程施工及验收规范》＿＿＿＿＿的规定			施工单位检查评定记录	监理（建设）单位验收记录
主控项目	1	管节及管件、橡胶圈的产品质量应符合第　条		
	2	承插、套筒式连接时，承口、插口部位及套筒连接紧密，无破损、变形、开裂等现象；插入后胶圈应位置正确，无扭曲等现象；双道橡胶圈的单口水压试验合格		
	3	聚乙烯管、聚丙烯管接口熔焊连接应符合第　条		
	4	卡箍连接、法兰连接、钢塑过渡接头连接时，应连接件齐全、位置正确、安装牢固，连接部位无扭曲、变形		
一般项目	5	承插、套筒式接口的插入深度应符合要求，相邻管口的纵向间隙应不小于10mm；环向间隙应均匀一致		
	6	承插式管道沿曲线安装时的接口转角，玻璃钢管的不应大于第　条的规定；聚乙烯管、聚丙烯管的接口转角应不大于1.5°；硬聚乙烯管的接口的转角不大于1.0°		
	7	熔焊连接设备的控制参数满足焊接工艺要求；设备与待连接管的接触面无污物，设备及组合件组装正确、牢固、吻合；焊后冷却期间接口未受外力影响		
	8	卡箍连接、法兰连接、钢塑过渡连接件的钢制部分以及钢制螺栓、螺母、垫圈的防腐要求应符合设计要求		

施工单位检查评定结果	项目专业质量检查员： 年　月　日
监理（建设）单位验收结论	监理工程师： （建设单位项目专业技术负责人） 年　月　日

17. 管道铺设工程检验批质量验收记录

管道铺设工程检验批质量验收记录　　　　　　　　　　　　　　附表 2-19

工程名称			分部工程名称		分项工程名称		
施工单位			专业工长		项目经理		
验收批名称、部位							
分包单位			分包项目经理		施工班组长		

		《给水排水管道工程施工及验收规范》_____的规定				施工单位检查评定记录	监理（建设）单位验收记录
主控项目	1	管道埋设深度、轴线位置应符合设计要求，无压力管道严禁倒坡					
	2	刚性管道无结构贯通裂缝和明显缺损情况					
	3	柔性管道的管壁不得出现纵向隆起、环向扁平和其他变形情况					
	4	管道铺设安装必须稳固，管道安装后应线形平直					
一般项目	5	管道内应光洁平整、无杂物、油污；管道无明显渗水和水珠现象					
	6	管道与井室洞口之间无渗漏水					
	7	管道内外防腐层完整，无破损现象					
	8	钢管管道开孔应符合第　条					
	9	闸阀安装应牢固、严密，启闭灵活，与管道轴线垂直					

		管道铺设的允许偏差						
一般项目	10	检查项目		允许偏差(mm)	检查数量		检查点偏差值或实测值	施工单位检查情况
					范围	点数		
		水平轴线	无压管道	15	每节管	1点		合格率　%
			压力管道	30				合格率　%
		管底高程	$D_i \leqslant 1000$　无压管道	±10				合格率　%
			$D_i \leqslant 1000$　压力管道	±30				合格率　%
			$D_i > 1000$　无压管道	±15				合格率　%
			$D_i > 1000$　压力管道	±30				合格率　%
		平均合格率						%
		检验结论						

施工单位检查评定结果	项目专业质量检查员： 　　　　　　　　　年　　月　　日
监理（建设）单位验收结论	监理工程师： （建设单位项目专业技术负责人） 　　　　　　　　　年　　月　　日

18. 井室工程检验批质量验收记录

井室工程检验批质量验收记录 附表 2-20

工程名称			分部工程名称		分项工程名称	
施工单位			专业工长		项目经理	
验收批名称、部位						
分包单位			分包项目经理		施工班组长	

《给水排水管道工程施工及验收规范》_____的规定			施工单位检查评定记录	监理(建设)单位验收记录
主控项目	1	原材料、预制构件的质量应符合国家有关标准的规定和设计要求		
	2	砌筑水泥砂浆强度、结构混凝土强度符合设计要求		
	3	砌筑结构应灰浆饱满、灰缝平直，不得有通缝、瞎缝；预制装配式结构应坐浆、灌浆饱满密实，无裂缝；混凝土结构无严重质量缺陷；井室无渗水、水珠现象		
一般项目	4	井壁抹面应密实平整，不得有空鼓、裂缝现象；混凝土无明显一般质量缺陷；井室无明显湿渍现象		
	5	井内部构造符合设计和水力工艺要求；且部位位置及尺寸正确，无建筑垃圾等杂物；检查井流槽应平顺、圆滑、光洁		
	6	井室内踏步位置正确、牢固		
	7	井盖、座规格符合设计要求，安装稳固		

井室的允许偏差

	检查项目		允许偏差(mm)	检查数量		检查点偏差值或实测值	施工单位检查情况
				范围	点数		
一般项目 8	平面轴线位置(轴向、垂直轴向)		15		2		合格率　%
	结构断面尺寸		10，0		2		合格率　%
	井室尺寸	长、宽	±20		2		合格率　%
		直径					合格率　%
	井口高程	农田或绿地	+20	每座	1		合格率　%
		路面	与道路规定一致				合格率　%
	井底高程	$D_i \leqslant 1000$	±10		2		合格率　%
		$D_i > 1000$	±15				合格率　%
	踏步安装	水平及垂直间距、外露长度	±10		1		合格率　%
	脚窝	高、宽、深	±10				合格率　%
	流槽宽度		+10				合格率　%
	平均合格率						%
	检 验 结 论						

施工单位检查评定结果	项目专业质量检查员： 年　月　日
监理(建设)单位验收结论	监理工程师： (建设单位项目专业技术负责人) 年　月　日

参 考 文 献

［1］ 管道施工技术实训. 课程建设团队. 管道施工技术实训. 第一版. 北京：中国水利水电出版社，2011.

［2］ 王立信. 给水排水管道工程施工及质量验收手册. 第一版. 北京：中国建筑工业出版社，2010.

［3］ 李先立. 山东省建筑工程施工技术资料编制示例. 第二版. 北京：清华同方光盘电子出版社，2010.